Lehrbuch

der

Körperberechnungen, der Geostatik, Hydrostatik, Geomechanik und Hydraulik,

ohne

Anwendung der höhern Analysis.

Zum Leitfaden

für besondere, jährlich zu haltende Vorträge bearbeitet und in möglichster Kürze zusammen gedrängt

von

D. C. L. Lehmus,
Doctor der Philosophie.

Mit 4 Figurentafeln.

Berlin, 1822.
Gedruckt und verlegt
bei G. Reimer.

Vorrede.

Außer meinen übrigen mathematischen Vorträgen, bin ich auch jährlich veranlaßt, künftigen Landbaumeistern und Bergleuten, denen Zeit oder Verhältnisse es nicht gestatten, höhere Analysis, und angewandte Mathematik in größerem Umfang, zu studieren, die allernothwendigsten Lehren der Körperberechnungen, der statischen und mechanischen Wissenschaften in der möglichsten Gedrängtheit, blos in Beziehung auf practischen Gebrauch, und ohne alle Anwendungen der höheren Analysis, in kurzer Zeit, vorzutragen. Für diese Vorträge eignet sich mein Lehrbuch der Geometrie (2 Bände,

Berlin bei Reimer) und das der angewandten Mathematik (3 Bände, Berlin bei Reimer) nicht, und da sowohl das Dictiren des Lehrers, als das Ausarbeiten des Lernenden, nach einem freien Vortrag, seine Nachtheile hat, so habe ich diese Bogen dem Druck übergeben, lege aber auf diese Arbeit keinen Werth, indem ich das unvermeidlich mangelhafte derselben sehr wohl erkenne.

Der Verfasser.

Inhalt.

Körperberechnungen.

Erstes Kapitel.

Vom Prismen.

§. 1.

Erklärungen.

Jeder Körper, welcher von zwei congruenten parallelen Ebenen, uud außer diesen von so vielen Parallelogrammen begränzt ist, als jede der beiden Ebenen Seiten hat, heißt ein **Prismen**. Die erwähnten beiden Ebenen heißen die **Grundebenen**; die Parallelogramme die **Seitenebenen** des Prismens. Die geraden Linien, in welchen je zwei Seitenebenen eines Prismens sich durchschneiden, heißen **Seitenkanten**; diejenigen aber, in welchen eine Seitenebene und eine Grundebene sich schneiden, **Grundkanten**. Der normale Abstand der Grundebenen heißt **die Höhe**. Ein Prismen heißt 3=, 4=, u. s. w. seitig, je nachdem die Grundebenen Dreiecke, Vierecke u. s. w. sind. Ein Prismen heißt **normal**, wenn die Seitenebenen rechtwinklicht auf den Grundebenen stehen, außerdem heißt dasselbe **schief**. Ein Prismen wird insbesondere **Parallelepipedum** genannt, wenn die Grundebenen

Parallelogramme sind; sind Grund- und Seitenebenen Quadrate, so heißt dasselbe Cubus oder Würfel. Ein Prismen wird Cylinder oder Walze genannt, wenn die Grundebenen Kreise sind. Die gerade Verbindungslinie der Mittelpunkte beider Grundebenen eines Cylinders heißt die Achse desselben. Ein Cylinder heißt normal, wenn seine Achse rechtwinklicht auf den Grundebenen steht, außerdem schief. Die Oberfläche eines Cylinders, die Grundebenen ausgeschlossen, heißt Mantel.

§. 2.

Allgemeiner Grundsatz für alle Körperberechnungen.

Körper sind gleich groß, wenn sie auf gleich großen Ebenen stehen, und alle mit diesen Ebenen parallele Durchschnitte in gleichen Entfernungen von denselben gedacht, Paar und Paar gleiche Größen haben.

§. 3.

Lehrsatz. Mit den Grundebenen parallele Durchschnittsebenen eines Prismens sind den Grundebenen congruent.

Beweis. Zerlegt man die Grundebene und eine mit ihr parallele Durchschnittsebene durch gleichliegende Diagonalen in Dreiecke, so ergiebt sich nach dem Satz: daß Parallelen zwischen Parallelen gleich groß sind, die Congruenz von jedem Paare der entstehenden Dreiecke, und somit auch die Congruenz beider Ebenen.

§. 4.

Lehrsatz. Prismen verhalten sich wie die Producte aus Grundebene in Höhe.

Beweis. Nach §. 2. und 3. verhalten sich Prismen von gleichen Grundebenen wie ihre Höhen, und Prismen von gleichen Höhen wie ihre Grundebenen, also Prismen überhaupt wie die Producte aus Grundebene in Höhe.

§. 5.

Zusatz. Die Einheit bei Inhaltsbestimmungen von Körpern ist der Cubus, dessen Seite der angenommenen Längeneinheit gleich ist, und unter Inhalt eines Körpers versteht man daher die Anzahl Cubi, welche derselbe in sich aufnehmen kann.

§. 6.

Aufgabe. Den Inhalt eines Prismens (also auch Cylinders) zu bestimmen.

Auflösung. Das Product aus dem Quadratinhalt der Grundebene in die Höhe bestimmt die Anzahl Cubi des Prismens.

Beweis. Die Seite des zur Einheit dienenden Cubus sey $= 1$; der Inhalt des Cubus $= C$; die Grundebene des Prismens $= F$; seine Höhe $= h$; sein Inhalt $= K$; so verhält sich nach §. 4.

$$C : K = 1^2 . 1 : F . h$$

und hieraus ist

$$K = F . h . C$$

oder, da C die Einheit ist,

$$K = F . h$$

§. 7.

Aufgabe. Den Mantel des normalen Cylinders zu bestimmen.

Auflösung. Der Mantel eines normalen Cylinders bildet ein rechtwinklichtes Parallelogram, dessen eine Seite die Peripherie der Grundebene des Cylinders, dessen andere der Höhe desselben gleich ist.

§. 8.

Zusatz. Bezeichnet also r den Halbmesser der Grundebenen eines Cylinders, h die Höhe desselben, so ist seine Grundebene $= r^2 \pi$ (unter π die Zahl 3,14159.. verstanden), also sein Inhalt $= r^2 \pi h$; und wenn der Cylinder normal ist, sein Mantel $= 2 r \pi h$; folglich seine gesammte Oberfläche $= 2 r \pi h + 2 r^2 \pi$.

Beispiel. Ein kreisförmiges Gewölbe von 30 Fuß Länge hat den in Fig. 1. dargestellten Querschnitt AEDCFB, in welchem die Höhe im Lichten $FG = 4'$; die Weite im Lichten $BC = 20'$; die Dicke der Gewölbsteine $EF = 2'$ ist, zum normalen Querschnitt; es soll der Cubikinhalt der Gewölbsteine berechnet werden.

Ist H der Mittelpunkt zu den concentrischen Bogen AED und BFC, so verhält sich $4 : 10 = 10 : 2BH - 4$ und hieraus ist

$$BH = HC = \frac{29}{2}$$

folglich $AH = HD = BH + FE = \frac{33}{2}$;

und daher $HG = HF - FG = \frac{21}{2}$;

ferner $HC \operatorname{Cos} GHC = GH$; oder

$$\frac{29}{2} \operatorname{Cos} GHC = \frac{21}{2}; \text{ also}$$

$$\operatorname{Cos} GHC = \frac{21}{29};$$

und hiezu nach den trigonometrischen Tafeln genau genug $\angle GHC = 43^\circ\ 36'$;

dann $HD \,.\, \mathrm{Cos}\ GHD = GH$; oder

$$\frac{33}{2}\ \mathrm{Cos}\ GHD = \frac{21}{2};\ \text{folglich}$$

$$\mathrm{Cos}\ GHD = \frac{7}{11};\ \text{also}$$

$$\angle\ GHD = 50^\circ\ 29;$$

Da nun auch $EG : GD = GD : 2 \,.\, EH - EG$

oder $6 : GD = GD : 33 - 6$; so ist

$$GD = \sqrt{6 \,.\, 27} = 12{,}72792;\ \text{folglich}$$

$$\text{Ausschnitt } HAED = \frac{50^\circ\ 29'}{180^\circ} \,.\, \left(\frac{33}{2}\right)^2 \pi$$

$$\triangle\ ADH = 12{,}72792 \,.\, \frac{21}{2}$$

$$\text{Ausschnitt } HBFC = \frac{43^\circ\ 36'}{180^\circ} \,.\, \left(\frac{29}{2}\right)^2 \,.\, \pi$$

$$\triangle\ BCH = 10 \,.\, \frac{21}{2};\ \text{demnach das Ringstück}$$

$$AEDCFB =$$

$$\frac{\pi}{180 \,.\, 60}\left[3029 \,.\, \left(\frac{33}{2}\right)^2 - 2616 \,.\, \left(\frac{29}{2}\right)^2\right] - \frac{21}{2} \,.\, 2{,}72792$$

$$= 51{,}244\ \text{Quadratfuß};$$

also der Cubikinhalt der Gewölbsteine $=$

$$30 \,.\, 51{,}244 = 1537\tfrac{1}{3}\ \text{Cubikfuße.}$$

Zweites Kapitel.
Von der Pyramide.

---

§. 9.
Erklärungen.

Ein Körper, welcher von irgend einer Ebene und so vielen an diese Ebene sich anschließenden, in eine Ecke außerhalb zusammenstoßenden Dreiecken, als die erwähnte Ebene Seiten hat, begränzt ist, heißt eine **Pyramide**. Die erwähnte Ebene heißt die **Grundebene**; die Dreiecke **Seitenebenen**, die der Grundebene gegenüberliegende Ecke, die **Spitze**. Die Pyramide heißt 3=, 4=, 5=, u. s. w. seitig, je nachdem die Grundebene ein Dreieck, Viereck u. s. w. ist; sie heißt ein **Kegel**, wenn die Grundebene ein Kreis ist. Die Begränzungsfläche eines Kegels, die Grundfläche ausgeschlossen, heißt **Mantel**. Die Normale von der Spitze auf die Grundebene heißt **die Höhe der Pyramide**. Beim Kegel wird die gerade Verbindungslinie der Spitze, mit dem Mittelpunkt der Grundebene, die **Achse** genannt. Der Kegel heißt **normal**, wenn seine Achse zugleich die Höhe ist, außerdem heißt er **schief**; die gerade Verbindungslinie der Spitze eines Kegels mit irgend einem Punkt der Peripherie seiner Grundebene, heißt **Seite**. Wird eine Pyramide parallel mit der Grundebene zerschnitten, so heißt der zwischen dieser Ebene und der Grundebene liegende Theil, **Abgekürzte Pyramide**; der zwischen dieser

Durchschnittsebene und der Spitze liegende Theil aber, Ergänzungspyramide. Der Begriff von Seitenkanten und Grundkanten ist wie beim Prismen §. 1.

§. 10.

Lehrsatz. Parallele Durchschnittsebenen einer Pyramide, welche alle Seitenkanten derselben durchschneiden, sind ähnlich, und verhalten sich wie die Quadrate ihrer Entfernungen von der Spitze.

Beweis. Die Aehnlichkeit derselben folgt, wenn man sich gleichliegende Diagonalen vorstellt, aus der Proportionalität der 3 Seiten der entstehenden Dreiecke; und da sich ähnliche Figuren wie die Quadrate gleichliegender Seiten verhalten, diese Seiten aber in demselben Verhältniß zu einander stehen, wie die Entfernungen der Ebenen von der Spitze der Pyramide, so verhalten sich also auch die Ebenen wie die Quadrate ihrer Entfernungen von der Spitze.

§. 11.

Aufgabe. Der Inhalt der Grundebene einer Pyramide sey $= a$; der einer mit ihr parallelen Durchschnittsebene $= b$; die Entfernung beider Ebenen, oder die Höhe der abgekürzten Pyramide $= h$; man soll die Höhe x der Ergänzungspyramide bestimmen.

Auflösung. Nach §. 10. verhält sich

$a : b = (h + x)^2 : x^2$; und hieraus

$\sqrt{a} : \sqrt{b} = h + x : x$; folglich auch

$\sqrt{a} - \sqrt{b} : \sqrt{b} = h : x$, und hieraus ist

$$x = \frac{h\sqrt{b}}{\sqrt{a}-\sqrt{b}};$$ oder wenn man Zähler und Nenner dieses Bruchs mit $\sqrt{a} + \sqrt{b}$ multiplicirt,

$$x = \frac{h(b+\sqrt{ab})}{a-b}.$$

§. 12.

Lehrsatz. Pyramiden von gleichen Grundebenen und gleichen Höhen sind gleich.

Beweis. Aus §. 10. folgt leicht, daß mit den Grundebenen parallel in gleicher Höhe genommene Durchschnittsebenen auch gleiche Größe haben, und hieraus folgt dann, nach §. 2., die Gleichheit beider Körper.

§. 13.

Die dreiseitige Pyramide ist dem dritten Theil des Prismens gleich, welches mit der Pyramide gleiche Grundebene und gleiche Höhe hat.

Beweis. Das dreyseitige Prismen ABCDEF Fig. 2. denke man sich durch die Ebenen DBF und ABF in die 3 dreiseitigen Pyramiden DEFB, ADFB und ACFB zerschnitten, denke sich dann in den beiden ersten, DEB und ABD als die Grundebenen, F aber als die Spitze, so hat man für beide gleiche Grundebenen und gleiche Höhe nemlich die Normale von F auf die Ebene ABCD, und folglich sind beide nach §. 12. einander gleich. Eben so ergiebt sich die Gleichheit der Pyramiden ADFB und ACFB, wenn man B als die Spitze betrachtet, und folglich sind alle 3 gleich groß. Setzt man also den Inhalt jeder der 3 Pyramiden $= P$; den des Prismens $= Q$; so ist

$$3P = Q; \text{ folglich}$$

$$P = \frac{1}{3}Q.$$

§. 14.

Aufgabe. Den Inhalt jeder Pyramide zu bestimmen.

Auflösung. Der Inhalt der Grundebene sei $= a$; die Höhe $= h$; so ist nach §. 13. und 6., wenn die Pyramide dreiseitig ist, ihr Inhalt $= \frac{1}{3} a h$, und also nach §. 12.; der Inhalt jeder Pyramide, folglich auch der des Kegels $= \frac{1}{3} a h$.

§. 15.

Aufgabe. Den Mantel des normalen Kegels zu bestimmen.

Auflösung. Ein solcher Mantel bildet einen Kreisausschnitt, dessen Halbmesser die Seite des Kegels, dessen Bogen aber die Peripherie der Grundebene ist, und das halbe Product beider giebt also den Inhalt des Mantels. Bezeichnet r den Halbmesser der Grundebene, b die Seite, so ist also der Mantel $b . r\pi$.

§. 16.

Aufgabe. Den körperlichen Inhalt der abgekürzten Pyramide zu bestimmen.

Auflösung. Bei derselben Bezeichnung, wie in §. 11., ist der Inhalt der ganzen Pyramide

$$= \frac{1}{3} a (h + x),$$

der der Ergänzungspyramide

$$= \frac{1}{3} b x; \text{ folglich der der abgekürzten}$$

$= \frac{1}{3}a(h + x) - \frac{1}{3}bx$; oder
$= \frac{1}{3}[ah + (a - b)x]$; und wenn man den Werth für x aus §. 11. substituirt
$= \frac{1}{3}h(a + b + \sqrt{ab})$.

§. 17.

Zusatz. Bezeichnen r, ϱ die Halbmesser der Grundebenen eines abgekürzten Kegels, h die Höhe desselben, so ist, wenn man $r^2\pi$ für a; $\varrho^2\pi$ für b schreibt, nach §. 16. der Inhalt des abgekürzten Kegels =
$\frac{1}{3}\pi h(r^2 + \varrho^2 + r\varrho)$.

§. 18.

Aufgabe. Den Mantel des normalen abgekürzten Kegels zu bestimmen.

Auflösung. Bezeichnet r den Halbmesser der Grundebene; ϱ den der parallelen Begränzungsebene; b die Seite des abgekürzten Kegels; x die des Ergänzungskegels, so ist der Mantel des ganzen Kegels $= (b + x)r\pi$ §. 15.; der des Ergänzungskegels $= x.\varrho\pi$; folglich der des abgekürzten
$= (b + x)r\pi - x\varrho\pi$; oder
$= \pi[br + (r - \varrho)x]$
Es verhält sich aber
$$r : \varrho = b + x : x$$
und hieraus ist $(r - \varrho)x = b\varrho$; folglich, wenn man diesen Werth substituirt, der verlangte Mantel =
$$\pi b(r + \varrho).$$

§. 19.

Beispiele. 1) Die eine der parallelen Begränzungsebenen einer abgekürzten Pyramide sey = 16 Quad.

Fuß; die Höhe der abgekürzten Pyramide = 12 Fuß; ihr Inhalt = 160 Cub. Fuß. Wie groß ist der Inhalt der andern parallelen Ebene?

Er sey = x; so ist die Gleichung

$$160 = \tfrac{1}{3} . 12 . (16 + x + \sqrt{16 . x})$$

und hieraus

$$x + 4\sqrt{x} - 24 = 0; \text{ also}$$

$$\sqrt{x} = -2 + \sqrt{4 + 24}; \text{ folglich}$$

$$x = 32 - 4\sqrt{28} = 10,836 \text{ Quadratfuß.}$$

2) Die parallelen Begränzungsebenen eines abgekürzten Kegels sollen sich wie 3 : 2 verhalten, die Höhe = 24 Fuß, der Inhalt des Körpers = 200 Cubikfuß seyn. Die Halbmesser der Grundebenen zu bestimmen.

Sie sollen x und y heißen, so hat man die Gleichungen

$$x^2 : y^2 = 3 : 2;$$

$$200 = \tfrac{1}{3} . 24 . \pi . (x^2 + y^2 + xy);$$

und aus ihnen

$$y = \sqrt{\frac{50}{\pi(5 + \sqrt{6})}} = \sqrt{\frac{50(6 - \sqrt{6})}{\pi . 19}}$$

$$= 1,46, \text{ folglich}$$

$$x = 1,46 . \sqrt{\tfrac{3}{2}} = 1,788 \ldots$$

Drittes Kapitel
Von der Kugel.

§. 20.
Erklärungen.

Ein Körper, welcher von einer einzigen Fläche begränzt ist, die durchaus von einem innerhalb liegenden Punct gleichweit absteht, heißt eine Kugel. Der erwähnte Punct heißt der Mittelpunkt; die begranzende Fläche, die Kugelfläche. Die gerade Linie vom Mittelpunct bis zu irgend einer Stelle der Kugelfläche heißt Halbmesser; die gerade Linie von irgend einem Punct der Kugelfläche durch den Mittelpunct bis wieder zur Kugelfläche heißt Durchmesser oder Achse der Kugel. Jede durch die Kugel gelegte Ebene ist, wie sich sogleich ergiebt, ein Kreis, und heißt größter Kreis, wenn sie durch den Mittelpunct der Kugel geht, kleinerer Kreis, wenn dies nicht der Fall ist. Wenn man sich auf eine Kreisebene, als Durchschnittsebene einer Kugel, im Mittelpunct derselben eine Normale errichtet, und beiderseits bis zur Kugelfläche verlängert denkt, so heißt diese Linie die Achse des Kreises, und ihre Endpuncte in der Kugelfläche, die Pole desselben. Jede Ebene durch die Kugel theilt sowohl die Kugel selbst, als ihre Oberfläche in 2 Theile; jene heißen Kugelabschnitte, diese Calotten. Jedes zugehörige Stück der Achse heißt die Höhe des entsprechenden Kugelabschnitts, so wie auch der Calotte. Jede 2 durch die Kugel gelegte Parallelebenen schneiden von der Oberfläche der Kugel einen Theil zwischen sich ab, welcher Zone genannt wird; der zugehörige Körper heißt Körperliche Zone. Das zwischen den erwähnten Ebenen abgeschnittene Stück der zugehörigen Achse heißt Höhe der Zone. Ein Kugelausschnitt ist ein zwischen einer Calotte und einem Kegelmantel, dessen Spitze im Mittelpunct der Kugel fällt, liegendes Stück der Kugel.

§. 21.

Aufgabe. Den Flächeninhalt der Zone zu bestimmen.

Auflösung. Er ist gleich der Höhe derselben multiplicirt mit der Peripherie eines größten Kreises der Kugel, oder wenn h die Höhe der Zone, r den Halbmesser der Kugel ausdrückt, so ist die Zone

$$= 2 r \pi . h.$$

Beweis. Ist ABC Fig. 3. ein Quadrant, AB = AC = r; DE ein sehr kleiner Bogen, so klein, daß derselbe als eine gerade Linie zu betrachten ist, DF = FE; EH, FI, DK Normalen auf AC; EG normal auf DK, so kann die Zone z, welche DE bei der Umdrehung um AC beschreibt, als ein abgekürzter Kegelmantel betrachtet werden, und der Quadratinhalt Z ist also nach §. 18.

$$= \pi . DE . (DK + EH).$$

Es ist aber

$$2 . FI = DK + EH; \text{ folglich}$$

$$z = 2\pi . DE . FI.$$

Weil nun $\triangle DEG \sim AFI$, so verhält sich $r : FI = DE : EG$, und also ist $DE . FI = r . EG$, oder $EG = HK$ durch e ausgedrückt, $DE . FI = r . e$; also $z = 2\pi r . e$.

Besteht nun h aus n solchen unendlich kleinen Theilchen e, so ist also jede zugehörige Zone $= 2r\pi . e$; folglich die Summe aller $= n . 2r\pi . e$; aber $ne = h$; folglich die Zone zur Höhe h gleich $2r\pi . h$.

§. 22.

Zusatz. Ist Fig. 3. $CH = h$; $HE = b$; $CE = a$; der Halbmesser der Kugel $= r$; so ist die Calotte, welche der Bogen EC bei der Umdrehung um AC beschreibt, $= 2r\pi . h$ (nach §. 21.), oder auch $= a^2\pi$; oder auch $= (b^2 + h^2)\pi$; und also die Oberfläche der Halbkugel $= 2r^2\pi$; und die der ganzen Kugel $= 4r^2\pi$, also viermal so groß wie die größte Kreisebene derselben.

§. 23.

Aufgabe. Den Inhalt K des Kugelausschnitts zu bestimmen.

Auflösung. Dreht sich der Kreisausschnitt AEC Fig. 3. um AC, so ist der entstehende Kugelausschnitt als eine Pyramide zu betrachten und zu berechnen, deren Grundebenen die Calotte, und deren Höhe der Halbmesser der Kugel $= r$ ist. Wird daher CH durch h ausgedrückt, so ist der Inhalt des Kugelausschnitts $= 2 . r\pi h . \frac{1}{3}r$; oder $K = \frac{2}{3}r^2\pi . h$.

§. 24.

Zusatz. Setzt man r für h und nimmt das Doppelte des Resultats, so hat man nach dem vorigen §. den

den Inhalt der Kugel $= \frac{4}{3} r^3 \pi$; oder auch, wenn d den Durchmesser der Kugel bezeichnet $= \frac{1}{6} d^3 . \pi$.

§. 25.

Aufgabe. Den Inhalt K des Kugelabschnitts zu bestimmen.

Auflösung. Er ergiebt sich, wenn man vom Inhalt des Kugelausschnitts den des zugehörigen Kegels abzieht.

Ist etwa Fig. 3.; $CH = h$; $HE = b$; der Halbmesser der Kugel $= r$; so ist der Kugelabschnitt, welchen ENCH bei der Umdrehung um CH beschreibt, nach §. 23.

$$= \frac{2}{3} r^2 \pi h - EH^2 . \pi . \frac{1}{3} AH$$
$$= \frac{1}{3} \pi . [2 r^2 h - b^2 . (r - h)]$$

oder, weil $h : b = b : 2r - h$ ist, so hat man, durch r und h ausgedrückt, $K = \frac{1}{3} \pi h^2 (3r - h)$ und durch b und h ausgedrückt,

$$K = \frac{1}{6} \pi h . (3 b^2 + h^2)$$

§. 26.

Aufgabe. Den Inhalt K der körperlichen Zone zu bestimmen.

Auflösung. Er ist gleich der Differenz zweier Kugelabschnitte. Bezeichnet a den Halbmesser der untern, b den der obern begränzenden Kreisebene, h die Höhe der körperlichen Zone; x die Höhe des ergänzenden Kugelabschnitts, so ist nach §. 25.

$$K = \frac{1}{6} \pi (h + x) [3 a^2 + (h + x)^2] - \frac{1}{6} \pi x (3 b^2 + x^2)$$
$$= \frac{1}{6} \pi [3 a^2 h + h^3 + (3 a^2 + 3 h^2 - 3 b^2) x + 3 h x^2]$$

Es ist aber, wenn r den Halbmesser der Kugel bezeichnet,

$$x : b = b : 2r - x \text{ und}$$

$$x + h : a = a : 2r - x - h; \text{ also}$$

$$x + h : a = a : \frac{b^2}{x} - h \text{ und hieraus}$$

$$hx^2 + (a^2 + h^2 - b^2)\, x = b^2 h \text{ folglich}$$

$$3hx^2 + (3a^2 + 3h^2 - 3b^2)\, x = 3b^2 h;$$

daher, wenn man substituirt;

$$K = \tfrac{1}{6}\pi h\, (3a^2 h + h^3 + 3b^2 h) \text{ oder}$$

$$K = \tfrac{1}{6}\pi h^2\, (3a^2 + 3b^2 + h^2)$$

§. 27.

Beispiele. 1) Eine 4′ hohe Calotte enthält 200 Quadratfuß, wie groß ist der Halbmesser r der zugehörigen Kugel?

Die Gleichung ist

$$2r\pi . 4 = 200, \text{ und hieraus ist } r = 7{,}95 \ldots$$

2) Die Kugelfläche sey $= b^2$; man soll durch b^2 den Inhalt x der Kugel ausdrücken.

Bezeichnet r den Halbmesser der Kugel, so ist

$$4r^2\pi = b^2; \text{ also}$$

$$r = \sqrt{\frac{b^2}{4\pi}}; \text{ daher}$$

$$x = \tfrac{4}{3} r^3 \pi = \tfrac{4}{3}\pi . \frac{b^2}{4\pi} . \sqrt{\frac{b^2}{4\pi}} = \frac{b^3}{6} . \sqrt{\frac{1}{\pi}}$$

3) Der Inhalt einer Kugel sey $= a^3$; man soll dadurch den Halbmesser r und die Kugelfläche y ausdrücken.

Es ist $\tfrac{4}{3} r^3 \pi = a^3$; also

$$r = a . \sqrt[3]{\frac{3}{4\pi}}; \text{ folglich}$$

$$y = 4r^2\pi = 4\pi \,.\, a^2 \,.\, \sqrt[3]{\frac{9}{16\pi^2}};\ \text{oder}$$

$$y = a^2 \,.\, \sqrt[3]{36 \,.\, \pi}$$

4) Die Halbmesser der parallelen Ebenen, welche eine Zone abschneiden, sind 12′ und 8′; die Höhe der Zone = 4′, man soll den Halbmesser r der Kugel, die Größe der Zone Z, und den Inhalt der körperlichen Zone K bestimmen.

Stellt in Fig. 3. DKHE den halben Durchschnitt der Zone dar, ist also EH = 8′, DK = 12′; HK = 4′ und wird, wenn A den Mittelpunct der Kugel andeutet, AK = x gesetzt, so hat man im △ ADK:

$$r^2 = x^2 + 12^2$$

und im △ AEH:

$$r^2 = (x + 4)^2 + 8^2;\ \text{also}$$

$$x^2 + 144 = x^2 + 8x + 16 + 64$$

und hieraus $x = 8$; folglich

$$r = \sqrt{8^2 + 12^2} = 14{,}422\ldots$$

daher $z = 2 \,.\, r \,.\, \pi \,.\, 4 = 362{,}463\ldots$

und nach §. 26.

$$K = \tfrac{1}{6}\pi \,.\, 16\,(3 \,.\, 12^2 + 3 \,.\, 8^2 + 4^2) = 5361{,}643\ldots$$

5) Der Halbmesser einer Kugel sey $= r$; man soll die Höhe x eines Kugelabschnitts der Bedingung gemäß bestimmen, daß sich der Inhalt des Kugelabschnitts zu dem des zugehörigen Kugelausschnitts $= n : m$ verhält.

Die Gleichung ist

$$\tfrac{1}{3}\pi \,.\, x^2 \,.\, (3r - x) : \tfrac{2}{3} \,.\, r^2\pi \,.\, x = n : m;$$

und hieraus folgt:

$$x = r \cdot \left(\tfrac{3}{2} + \sqrt{\frac{9}{4} - \frac{2n}{m}}\right).$$

Der größte Werth, den hienach $\frac{n}{m}$ haben kann, ist also $\frac{9}{8}$, dann ist $x = \frac{3}{2} r$;

Für $\frac{n}{m} = \frac{5}{8}$ entsteht

$$x = r \cdot (\tfrac{3}{2} + \sqrt{1}) = \tfrac{5}{2} r$$

Für $\frac{n}{m} = 1$ entsteht

$$x = r \text{ oder } 2r.$$

Für $\frac{n}{m} = \frac{77}{72}$ erhält man

$$x = \tfrac{7}{6} r \text{ oder } \tfrac{11}{6} r.$$

Die Statik.

Erste Abtheilung.

System der Statik.

§. 28.

Erklärung.

Die Statik ist die Wissenschaft vom Gleichgewicht der Kräfte, d. h. von den Bedingungen, welche statt finden müssen, damit ein von zwei oder mehreren Kräften angegriffener Gegenstand vollkommen in dem Zustand bleibt, in welchem er war, es sey Zustand der Ruhe, oder der Bewegung, und diese Bedingungen heißen: die **Bedingungen des Gleichgewichts.**

§. 29.

Erklär. Wirken 2 oder mehrere Kräfte auf einen Gegenstand, und es giebt eine Kraft, die, wenn sie nach einer gewissen Richtung allein auf denselben wirkte, ganz dasselbe leisten würde, was jene vereint leisten, so heißt diese die **mittlere Kraft**, und jene heißen die **Seitenkräfte.**

§. 30.

Erklär. Wirken 2 oder mehrere Kräfte auf einen Gegenstand, welche Kräfte untereinander nicht im Gleichgewicht sind, und es giebt nun noch eine Kraft, welche, in einer gewissen Lage angebracht, das Gleichgewicht herstellt, so heißt diese die entgegengesetzt mittlere Kraft.

Sind also Kräfte untereinander im Gleichgewicht, so ist jede derselben die entgegengesetzt mittlere der übrigen.

§. 31.

Erklär. Wenn 2 oder mehrere, untereinander nicht Gleichgewicht haltende Kräfte auf einen Gegenstand wirken, welcher durch einen andern an fortgehender Bewegung verhindert wird, aber nicht an drehender um irgend eine Achse, so heißt eine solche Zusammenstellung ein Hebel.

§. 32.

Erklär. Das Product aus der abstracten Zahl, welche die Größe einer Kraft ausdrückt, in die abstracte Zahl, welche die Länge einer Linie angiebt, die sowohl auf der Richtungslinie dieser Kraft, als auch zugleich auf einer andern geraden Linie a normal steht, und von beiden begränzt ist, heißt das statische Moment, oder auch schlechthin, das Moment dieser Kraft in Beziehung auf die Linie a; die Normale selbst heißt der Hebelsarm der Kraft, ebenfalls in Beziehung auf die Linie a.

§. 33.

Wenn Kräfte wirken, so können in Hinsicht der Lage ihrer Richtungslinien nur 4 Fälle statt finden:

1) alle Richtungslinien sind parallel, und liegen in einer und derselben Ebene;

2) alle Richtungslinien sind parallel, liegen aber in verschiedenen Ebenen;

3) alle Richtungslinien liegen in einer Ebene, sind aber nicht alle parallel;

4) sie liegen in verschiedenen Ebenen und sind nicht durchaus parallel,

und hiernach theilt sich das Lehrgebäude der Statik in vier Capitel.

Anmerk. In den folgenden 4 Capiteln ist durchaus nur von den Kräften die Rede, welche jedesmal besonders genannt sind; andere, insbesondere Gewicht, muß man gänzlich außer Betracht lassen.

Erstes Capitel.

Von den Bedingungen des Gleichgewichts, wenn zwei oder mehrere Kräfte thätig sind, deren Richtungslinien durchaus parallel, und in einer und derselben Ebene liegen.

---

§. 34.

Lehrsatz. Zwei gleich große Kräfte P, Q, welche in 2 Puncten a, b einer geraden festen Linie, nach der Richtung dieser Linie aber einander entgegengesetzt wirken, erhalten Gleichgewicht.

Beweis. Wollte man annehmen: a würde dem Bestreben von P gemäß, fortbewegt, so müßte, dieser Annahme zufolge, auch der Punct b nach entgegengesetzter Richtung dem Bestreben von Q folgen; beides zugleich kann aber nicht statt finden, weil die Linie fest angenommen ist, daher erfolgt keines von beiden, sondern die Linie bleibt in dem Zustand, in welchem sie war, es sey Zustand der Ruhe, oder der schon nach irgend einer Richtung statt findenden Bewegung.

§. 35.

Zusatz. Aus §. 34. folgt:

1) Es ist gleichgültig, in welchem Punct ihrer geraden Richtungslinie eine Kraft angreift.

2) Die mittlere Kraft und die entgegengesetzt mittlere sind allemal gleich groß; und ihre Richtungen fallen in einander, jedoch entgegengesetzt.

§. 36.

Lehrsatz. Wenn 2 gleich große Kräfte P, Q nach parallelen Richtungslinien bd, cf (Fig. 4.) wirken; in derselben festen Ebene aber, in der Mitte zwischen beiden, so also, daß die Normale ab der Normale ac gleich ist, nach paralleler, aber entgegengesetzter Richtung ag eine Kraft R gleich P + Q thätig ist, so bleibt die angegriffene Ebene in dem Zustand, in welchem sie war, d. h. die Kräfte P, Q, R sind unter einander im Gleichgewicht.

Beweis. Wollte man annehmen, die Ebene bewege sich, den Einwirkungen der gleichen Kräfte P, Q zufolge, nach der Richtung ga, so müßte aus demselben Grund, weil R = P + Q ist, zugleich dieselbe Bewegung, dem Bestreben von R zufolge, nach entgegengesetzter Richtung, also nach ag, statt finden; aber beide Bewegungen zugleich sind nicht möglich, da die Ebene als fest angenommen ist, daher wird keine fortgehende Bewegung, dem Bestreben der Kräfte gemäß, statt finden.

Man denke sich die Kraft R in irgend einem Punct p ihrer Richtung ag thätig, so daß eine Drehung der Ebene um p, dem Ueberschuß der Bestrebungen der Kräfte P und Q gemäß, statt finden könnte, so fällt in die Augen, daß diese entgegengesetzten Bestrebungen sich vernichten müssen, indem die gleichgroßen Kräfte P und Q in Beziehung auf jeden Punct der Linien ag so wirken, daß gleicher Grund für Entstehung der entgegengesetzten Drehungen vorhanden ist, so daß also keine von beiden erfolgen wird.

§. 37.

Zusatz. Aus §. 36. folgt:

1) Es ist $R = P + Q$, nach der Richtung ag in Fig. 4. wirkend, die entgegengesetzt mittlere Kraft der gleich großen Kräfte P, Q.

2) Es ist $R = P + Q$ nach der Richtung ga wirkend gedacht, die mittlere Kraft der gleich großen Kräfte P und Q.

3) Wenn man eine gerade Linie ab Fig. 5. in n gleiche Theile eintheilt, und im Mittelpunct jedes Theils, nach der auf ab normalen Richtung in derselben Ebene zu gleichem Bestreben eine Kraft $= p$ wirken läßt, so ist, wenn c die Mitte von ab ist, und def normal auf ab genommen wird, $n.p$ nach der Richtung cf thätig gedacht, die mittlere, und np nach der Richtung cd wirkend gedacht, die entgegengesetzt mittlere Kraft der anfänglich thätigen Kräfte.

§. 38.

Aufgabe. Zwei verschieden große Kräfte P, Q wirken nach parallelen Richtungslinien ab, cd; man soll die Größe und die Richtungslinie der mittleren Kraft R angeben.

Auflösung. 1) Zwischen ab und cd ziehe man eine auf beide normale Linie fg Fig. 6., und verlängere dieselbe zu beiden Seiten;

2) Man wähle eine Krafteinheit W so groß, daß P = nW; Q = mW gesetzt, n und m gerade ganze Zahlen sind, und theile dann fg in $\frac{n+m}{2}$ gleiche Theile t; es sey $fk = \frac{n}{2} \cdot t$ und $kg = \frac{m}{2} \cdot t$.

3) Nun mache man fh = fk und gi = gk; denke sich P = nW und Q = mW weggenommen, und dafür in der Mitte jedes Theils t eine Kraft W nach der ursprünglichen gemeinschaftlichen Richtung thätig, so bleibt nach §. 37. 3. der Erfolg ganz derselbe.

4) Man halbire hi in u, und ziehe vw durch u normal auf hi, so nach §. 37. 3.; uv die Richtung der entgegengesetzt mittleren, uw die der mittleren Kraft, und die Größe jeder ist

$$= (n + m) W = n W + m W; \text{ oder}$$
$$R = P + Q.$$

§. 39.

Zusatz. Da hi = (n + m) t; also

$$hu = \frac{n+m}{2} . t \text{ und } hf = \frac{n}{2} t \text{ ist,}$$

so ist $uf = \frac{m}{2} \cdot t$, und eben so $ug = \frac{n}{2} \cdot t$; also

$$uf : ug = m : n$$

Ferner ist $Q = mW$ und $P = nW$; folglich

$$Q : P = m : n$$

daher also $Q : P = uf : ug$

oder $Q \cdot ug = P \cdot uf$.

§. 40.

Lehrsatz. Wenn zwei Kräfte A, B in einer Ebene nach parallelen Richtungslinien wirken, so ist in Beziehung auf jede Achse, welche diese Ebene irgendwo in einem Punct p normal durchschneidet, die algebraische Summe der Momente dieser Kräfte A und B gleich dem Moment ihrer mittleren Kraft $A + B$.

Beweis. 1. Man ziehe aus p eine Normale auf die Richtungslinien der Kräfte A, B; es mögen p und r Fig. 7. die Schneidungspunkte seyn; bezeichnet man nun den Hebelsarm von A, nehmlich pq mit a; dann von B, nehmlich pr mit b; nimmt v als den Durchschnittspunct der nach §. 38. zu bestimmenden Richtungslinie der mittleren Kraft $A + B$ mit pr an, und setzt $pv = m$; die mittlere Kraft selbst, nehmlich $A + B = M$, so ist die Behauptung

$$A \cdot a + B \cdot b = M \cdot m.$$

2) Nach §. 39. ist

$$A \cdot qv = B \cdot vr.$$

Es ist aber $qv = pv - pq = m - a$; und

$vr = pr - pv = b - m$; folglich

$A \cdot (m - a) = B \cdot (b - m)$ und hieraus

$$Aa + Bb = (A + B)\,m; \text{ oder}$$
$$Aa + Bb = Mm.$$

§. 41.

Zusatz. Aus §. 40. folgt

$$m = \frac{Aa + Bb}{.M}: \text{ oder}$$

$$m = \frac{Aa + Bb}{A + B}.$$

§. 42.

Aufgabe. Mehrere unter einander Gleichgewicht erhaltende Kräfte A, B, C. . . X, Y, Z wirken nach parallelen Richtungslinien in einer Ebene; ihre Hebelsarme in Beziehung auf eine, diese Ebene irgendwo normal durchschneidende Achse sind $= a, b, c \ldots x, y, z$; man soll die Bedingungsgleichungen des Gleichgewichts darstellen.

Auflösung. 1) Man denke sich zwei der Kräfte, etwa A und B, weggenommen, und dafür ihre mittlere Kraft thätig, so bleibt das Gleichgewicht ungestört; die Größe der neu angebrachten Kraft ist $= A + B$, und ihr Hebelsarm nach §. 41. $= \frac{Aa + Bb}{A + B}$.

2) Nun nehme man diese neue Kraft und eine der übrigen, etwa C, fort, und bringe statt ihrer die mittlere Kraft beider an, so bleibt das Gleichgewicht noch; die jetzt neu angebrachte Kraft ist $= A + B + C$, und ihr Hebelsarm nach §. 41.

$$= \frac{(A + B) \cdot \frac{Aa + Bb}{A + B} + C \cdot c}{A + B + C}; \text{ oder}$$

$$= \frac{Aa + Bb + Cc}{A + B + C}.$$

3) Man nehme auch diese zweite neue Kraft, und eine der übrigen, etwa D, weg, und lasse dafür ihre mittlere Kraft wirken, so erhält sich das Gleichgewicht immer noch; die jetzt neu angebrachte Kraft ist $= A + B + C + D$, und ihr Hebelsarm, wie in 2) bestimmt,

$$= \frac{Aa + Bb + Cc + Dd}{A + B + C + D}.$$

4) Denkt man sich dies Verfahren fortgesetzt, bis nur noch eine der ursprünglichen Kräfte, etwa Z, bleibt, so hat man nur noch zwei Kräfte thätig, nehmlich Z am Hebelsarm z und die zuletzt neu angebrachte

$$\alpha = A + B + C + \ldots + X + Y$$

am Hebelsarm

$$\beta = \frac{Aa + Bb + Cc + \ldots + X.x + Y.y}{A + B + C + \ldots + X + Y}.$$

5) Da nun aber, nach der Voraussetzung, ein Gleichgewicht unter den ursprünglichen Kräften statt findet, so ist nach §. 30. jede derselben die entgegengesetzt mittlere Kraft der übrigen, d. h. Z und α sind gleich groß, aber entgegengesetzt thätig, und ihre Richtungslinien fallen in einander, oder, es ist:

$Z = -\alpha$ und

$z = \beta$

6) Substituirt man die Werthe für α und β aus 4) in 5), so entsteht

$$Z = -(A + B + C + \ldots + X + Y) \text{ und}$$

$$z = \frac{Aa + Bb + \ldots + Xx + Yy}{A + B + \ldots + X + Y} \text{ oder}$$

$$\text{I. } A + B + C + \ldots + X + Y + Z = 0 \text{ und}$$

$$\text{II. } Aa + Bb + \ldots + Y.y + Z.z = 0.$$

7) Die Bedingungsgleichungen des Gleichgewichts für Kräfte, deren Richtungslinien parallel, und in einer Ebene liegen, sind also:

I. Die algebraische Summe der Kräfte muß $= 0$ seyn, damit keine fortgehende Bewegung erfolgt.

II. Die algebraische Summe ihrer Momente in Beziehung auf jede die Ebene normal durchschneidende Achse muß gleich Null seyn, damit keine Drehung erfolgen kann.

§. 43.

Zusatz. Wirken also mehrere unter einander nicht Gleichgewicht haltende Kräfte A, B, C . . . K, L an den Hebelsarmen a, b, c . . . k, l parallel in einer Ebene, und es soll die Kraft M mit ihrem Hebelsarm m bestimmt werden, die noch angebracht werden muß, damit ein Gleichgewicht erfolgt, so hat man die Gleichungen

$$A + B + \ldots + K + L + M = 0 \text{ und}$$

$$Aa + Bb + \ldots + Ll + Mm = 0;$$

und

und hieraus

$$M = -(A + B + \ldots + K + L) \text{ und}$$

$$m = \frac{Aa + Bb + \ldots + Ll}{-M}; \text{ oder}$$

$$m = \frac{Aa + Bb + \ldots + Ll}{A + B + \ldots + L};$$

d. h. der Hebelsarm der gesuchten entgegengesetzt mittleren Kraft M wird gefunden, wenn man die algebraische Summe der Momente der gegebenen Kräfte durch die algebraische Summe dieser Kräfte selbst dividirt.

§. 44.

Beispiele. 1) Die Kräfte $A = 10$, $B = 12$ Fig. 7. wirken parallel in der Entfernung $qr = 8'$; man soll den Punct v der mittleren Kraft bestimmen.

Wählt man $qp = 6$, und nimmt die Momente in Beziehung auf p, so hat man

$$pv = \frac{10 \cdot 6 + 12 \cdot 14}{10 + 12} = 10\tfrac{4}{11}; \text{ also}$$

$$qv = 4\tfrac{4}{11}.$$

Nimmt man die Momente gleich in Beziehung auf q, so hat man sogleich

$$qv = \frac{10 \cdot 0 + 12 \cdot 8}{10 + 12} = 4\tfrac{4}{11}.$$

2) Vier Kräfte $A = 10$; $B = -8$; $C = 12$; $D = -16$ wirken in den Entfernungen 4, 2 und 6 Fuß; man soll die Größe und den Ort der mittleren Kraft bestimmen.

Wird die entgegengesetzt mittlere Kraft $= x$; die Entfernung ihrer Richtungslinie von der der Kraft A $= y$ gesetzt, so hat man

$$x = -(10 - 8 + 12 - 16) = +2.$$

$$y = \frac{10.0 - 8.4 + 12.6 - 16.12}{10 - 8 + 12 - 16} = +76.$$

Zweites Kapitel.

Von den Bedingungen des Gleichgewichts, wenn drei oder mehrere Kräfte thätig sind, deren Richtungslinien parallel, aber nicht in einerlei Ebene liegen.

---

§. 45.

Aufgabe. Es wirken drei oder mehrere Kräfte A, B, C; ... X, Y, Z parallel in verschiedenen Ebenen. In einer die Richtungslinien derselben normal durchschneidenden Ebene △ sind zwei rechtwinklicht auf einander stehende Linien l, l′ beliebig angenommen, die Normalen aus den Durchschnittspuncten der Richtungslinien der Kräfte mit der Ebene △ auf l sollen a, b, c, ... x, y, z, die auf l′ sollen a′, b′, c′, ... x′, y′, z′ heißen. Man soll bei der Voraussetzung, daß die Kräfte A, B, C, ... Y, Z unter einander Gleichgewicht erhalten, die Bedingungen des Gleichgewichts durch Gleichungen darstellen.

Auflösung. 1) Ist Fig. 8. die Ebene △ mit den Linien l und l′; f der Durchschnittspunct der Richtung von A mit Δ, g der von B mit Δ, und schneidet gf die Linie l in k unter dem Winkel α; die Linie l' aber in t unter dem Winkel β, so ist, wenn r den Durchschnittspunct der Richtung der mittleren Kraft M zwischen A und B mit Δ andeutet, und die Normalen aus r auf l, und l' durch m und m' ausgedruckt werden,

$$M = A + B$$

$$rk = \frac{A \cdot fk + B \cdot gk}{A + B} \quad \text{§. 41.}$$

$$rt = \frac{A \cdot ft + B \cdot gt}{A + B} \quad \text{§. 41.}$$

oder die zweite Gleichung mit Sin α; die dritte mit Sin β multiplicirt

$$M = A + B$$

$$m = \frac{A \cdot a + B \cdot b}{A + B}$$

$$m' = \frac{A a' + B b'}{A + B};$$

und denkt man sich nun die Kräfte A und B weggenommen, und dafür die M in r thätig, so bleibt das Gleichgewicht zwischen den Kräften M, C, ... Y, Z ungestört.

2) Nimmt man nun auch M und C fort, und bringt dafür ihre mittlere Kraft N an, so ist eben so, wie in 1)

$$N = M + C$$

die Normale zwischen l und der Richtung von N,

$$\text{oder } n = \frac{M \cdot m + C \cdot c}{M + C},$$

die zwischen dieser Richtung und l; oder

$$n' = \frac{M . m' + C . c'}{M + C};$$

oder auch, wenn man die Werthe aus 1) substituirt

$$N = A + B + C$$

$$n = \frac{Aa + Bb + Cc}{A + B + C}$$

$$n' = \frac{Aa' + Bb' + Cc'}{A + B + C}$$

3) Fährt man so fort, bis nur noch eine der ursprünglichen Kräfte, etwa Z übrig bleibt, und setzt die mittlere der übrigen = R; die Entfernungen ihrer Richtung von l und l' = ϱ und ϱ', so hat man eben so

$$R = A + B + \ldots + X + Y$$

$$\varrho = \frac{A . a + Bb + \ldots + Y . y}{A + B + \ldots + Y}$$

$$\varrho' = \frac{Aa' + Bb' + \ldots + Y . y'}{A + B + \ldots + Y}$$

oder

$$R = A + B + \ldots + Y$$

$$\varrho = \frac{Aa + Bb + \ldots + Y . y}{R}$$

$$\varrho' = \frac{Aa' + Bb' + \ldots + Y . y'}{R}.$$

4) Da nun aber, der Voraussetzung nach, Gleichgewicht statt findet, so ist jede der Kräfte, also auch Z, die entgegengesetzt mittlere der übrigen (§. 30.), d. h. es ist

$$Z = -R$$
$$z = \varrho$$
$$z' = \varrho'$$

oder, wenn man die Werthe aus 3) substituirt, und die Gleichungen auf Null bringt

$$\text{I.}\quad A + B + \ldots + Y + Z = 0$$
$$\text{II.}\quad Aa + Bb + \ldots + Yy + Z.z = 0$$
$$\text{III.}\quad Aa' + Bb' + \ldots + Yy' + Z.z' = 0$$

welche Bedingungen, eben so wie die in §. 42., leicht in Worte zu übertragen sind.

Beispiel. Es sei $A = 5$; $B = 12$; $C = -10$; $D = 8$; $a = 3$; $b = 4$; $c = 6$; $d = -10$; $a' = 8$; $b' = -6$; $c' = -4$; $d' = 2$;

Man soll für die gewählten Achsen l und l', die Entfernungen m und m', und die Größe M der entgegengesetzt mittleren Kraft bestimmen.

Aus $5 + 12 - 10 + 8 + M = 0$ folgt
$$M = -15,$$
ferner aus $5.3 + 12.4 - 10.6 - 8.10 - 15.m = 0$
$$m = -\tfrac{77}{15};$$
endlich aus $5.8 - 12.6 + 10.4 + 8.2 - 15.m' = 0$
$$m' = +\tfrac{8}{5}.$$

Drittes Kapitel.

Von den Bedingungen des Gleichgewichts, wenn die Kräfte nach Richtungslinien wirken, die in einer Ebene liegen, aber nicht parallel sind.

---

§. 46.

Lehrsatz. In der Peripherie einer geometrischen festen Kreisscheibe, die keine andere Bewegung, als blos eine Drehung um ihre Achse annehmen kann, wirken tangential, aber mit dem Bestreben, entgegengesetzte Drehungen hervor zu bringen, zwei gleich große Kräfte. Es wird behauptet, daß keine Drehung erfolgt.

Beweis. Für beiderlei Drehungen ist gleicher Grund vorhanden, daher wird keine statt finden. §. 34.

§. 47.

Zusatz. In Beziehung auf Drehung um die Achse ist es also gleichgültig, in welchem Punct der Peripherie tangential eine und dieselbe Kraft angebracht wird.

§. 48.

Aufgabe. In einer festen Ebene, welche keine andere Bewegung, als nur Drehung um eine sie in p (Fig. 9.) normal durchschneidende Achse α annehmen kann, wirken Kräfte A, B, C, u. s. w. Es wird vorausgesetzt, daß die Kräfte gegenseitig die Drehung verhindern, also in Beziehung auf die einzig mögliche drehende Bewegung unter einander, Gleichgewicht erhalten man soll die Bedingung des Gleichgewichts durch eine Gleichung darstellen.

Auflösung. Die Hebelsarme der Kräfte A, B, C, u. s. w. in Beziehung auf die Achse α, sollen a, b, c, u. s. w. heißen. Man ziehe durch p in der Ebene, in beliebiger Richtung eine gerade Linie pq, und beschreibe aus p mit a, b u. s. w. Kreisbogen, bis dieselben pq in n, m u. s. w. durchschneiden, so kann man sich nach §. 47., ohne daß das Bestreben zu Drehung um α eine Aenderung erleidet, die Kräfte A, B u. s. w. in n, m u. s. w. tangential thätig denken. In dieser neuen Lage sind dann die Richtungslinien parallel, und die Bedingungsgleichung des Gleichgewichtes ist also in Beziehung auf die vorausgesetzte, einzig mögliche Bewegung, nemlich die Drehung um α, nach §. 42. II.

$$Aa + Bb + Cc + \ldots = 0$$

oder: die algebraische Summe der Momente dieser Kräfte in Beziehung auf die Drehachse, muß = 0 sein.

Anmerk. Wirkt eine Kraft A am Hebelsarm a; und man will dafür, eine andere, dasselbe in Beziehung auf Drehung leistende, am Hebelsarm b anbringen, so muß, damit das Moment dasselbe bleibt, ihre Größe $= \frac{Aa}{b}$ seyn. Man nennt dieß: das Reduiren einer Kraft von einem Punct auf einen andern.

§. 49.

Aufgabe. Die Richtungslinien mehrerer thätigen Kräfte A, B, C u. s. w. liegen alle in einer Ebene, und schneiden sich in einen und denselben Punct p Fig. 10. in Beziehung auf eine in derselben Ebene liegende durch p in willkührlicher Richtung gelegte Linie pq, bezeichnen α, β, γ, u. s. w. die Winkel, welche die Richtungslinien der Kräfte A, B, C u. s. w. mit pq bilden. Es wird vorausgesetzt, daß die Kräfte untereinander Gleichgewicht erhalten; man soll durch A, B, u. s. w.; α, β, γ, u. s. w. die Bedingungsgleichungen des Gleichgewichts ausdrücken.

Auflösung. Da Gleichgewicht statt findet, so muß die algebraische Summe der Momente in Beziehung auf jede Achse gleich Null seyn. Wählt man daher in pq an einer beliebigen Stelle, nah oder fern, einen Punct r, und denkt sich durch ihn eine die Ebene normal durchschneidende Achse, so ist, weil Gleichgewicht statt findet, nach §. 48.

$$A \,.\, rp \operatorname{Sin}\alpha + B \,.\, rp \operatorname{Sin}\beta + \ldots = o$$

oder

$$A \operatorname{Sin}\alpha + B \operatorname{Sin}\beta + \ldots = o.$$

Es erfolgt aber, nicht blos um die Achse durch r, sondern überhaupt um keine einzige Achse, eine Bewegung; denkt man sich daher noch eine, an einer ganz beliebigen Stelle, etwa durch f, zieht fp, und setzt den beliebigen Winkel rpf $= \varphi$, so ist auch, ebenfalls nach §. 48.

$$A \,.\, fp \operatorname{Sin}(\alpha + \varphi) + B \,.\, fp \operatorname{Sin}(\beta + \varphi) + \ldots = o$$

oder

$$A \operatorname{Sin}(\alpha + \varphi) + B \operatorname{Sin}(\beta + \varphi) + \ldots = o.$$

Um φ zu eliminiren, gebe man der letzten Gleichung durch Auflösung der Klammern die Form:

$$(A \operatorname{Sin}\alpha + B \operatorname{Sin}\beta + \ldots) \operatorname{Cos}\varphi + (A \operatorname{Cos}\alpha + B \operatorname{Cos}\beta + \ldots) \operatorname{Sin}\varphi = o.$$

Es ist aber $A \operatorname{Sin} \alpha + B \operatorname{Sin} \beta + \ldots = 0$ folglich auch

$$(A \operatorname{Cos} \alpha + B \operatorname{Cos} B + \ldots) \operatorname{Sin} \varphi = 0;$$

und daher auch, weil φ beliebig ist,

$$A \operatorname{Cos} \alpha + B \operatorname{Cos} \alpha + \ldots = 0;$$

und die verlangten Bedingungsgleichungen sind also

$$\text{I.} \quad A \operatorname{Sin} \alpha + B \operatorname{Sin} \beta + \ldots = 0$$

$$\text{II.} \quad A \operatorname{Cos} \alpha + B \operatorname{Cos} \beta + \ldots = 0.$$

§. 50.

Aufgabe. Die Richtungslinien dreier untereinander Gleichgewicht haltender Kräfte A, B, C liegen in einer Ebene, und durchschneiden sich in einem und demselben Punct p Fig. 11. Man soll die Bedingungsgleichungen des Gleichgewichts durch A, B, C, und die in der Figur angedeuteten Winkel α, β, γ, ausdrücken.

Auflösung. Nach dem vorigen §. muß, weil Gleichgewicht statt findet:

1) die algebraische Summe der Producte aus den Kräften in die Sinusse der Winkel, welche ihre Richtungen mit einer beliebigen durch p in der Ebene gezogenen Linie bilden, gleich Null seyn;

2) die algebraische Summe der Producte aus den Kräften in die Cosinusse dieser Winkel, ebenfalls $= 0$ seyn.

Wählt man nun etwa die Richtung von A zu dieser Linie, so hat man die Gleichungen

$A \operatorname{Sin} 0 + B \operatorname{Sin} \gamma + C \operatorname{Sin} (\alpha + \gamma) = 0$ und

$A \operatorname{Cos} 0 + B \operatorname{Cos} \gamma + C \operatorname{Cos} (\alpha + \gamma) = 0;$

oder

$$B \,\mathrm{Sin}\,\gamma - C \,\mathrm{Sin}\,\beta = 0 \text{ und}$$

$$A + B \,\mathrm{Cos}\,\gamma + C \,\mathrm{Cos}\,\beta = 0$$

oder auch, wenn man den Werth für C aus der ersten in die zweite substituirt, für die zweite folgende:

$$A + B \,\mathrm{Cos}\,\gamma + \frac{B \,\mathrm{Sin}\,\gamma}{\mathrm{Sin}\,\beta} \,\mathrm{Cos}\,\beta = 0;$$

woraus

$$A \,\mathrm{Sin}\,\beta + B \,\mathrm{Sin}\,(\beta + \gamma) = 0 \text{ oder}$$

$$A \,\mathrm{Sin}\,\beta - B \,\mathrm{Sin}\,\alpha = 0 \text{ entsteht.}$$

Die beiden Gleichungen sind also:

$$B \,\mathrm{Sin}\,\gamma - C \,\mathrm{Sin}\,\beta = 0 \text{ und}$$

$$A \,\mathrm{Sin}\,\beta - B \,\mathrm{Sin}\,\alpha = 0,$$

oder, durch eine fortlaufende Proportion ausgedrückt

$$A : B : C = \mathrm{Sin}\,\alpha : \mathrm{Sin}\,\beta : \mathrm{Sin}\,\gamma.$$

§. 51.

Zusatz. Giebt man den beiden Gleichungen

$$B \,\mathrm{Sin}\,\gamma - C \,\mathrm{Sin}\,\beta = 0 \text{ und}$$

$$A + B \,\mathrm{Cos}\,\gamma + C \,\mathrm{Cos}\,\beta = 0; \text{ die Form}$$

$$(B \,\mathrm{Sin}\,\gamma - C \,\mathrm{Sin}\,\beta)^2 = 0 \text{ und}$$

$$(B \,\mathrm{Cos}\,\gamma + C \,\mathrm{Cos}\,\beta)^2 = (-A)^2; \text{ so giebt die}$$

Summe:

$$B^2 + C^2 + 2BC \,\mathrm{Cos}\,(\beta + \gamma) = A^2; \text{ oder}$$

$$A^2 = B^2 + C^2 + 2BC \,\mathrm{Cos}\,\alpha,$$

und eben so ist, durch Versetzung der Buchstaben,

$$B^2 = A^2 + C^2 + 2AC \,\mathrm{Cos}\,\beta;$$

$$C^2 = A^2 + B^2 + 2AB \,\mathrm{Cos}\,\gamma.$$

§. 52.

Zusatz. Trägt man auf einer der Richtungslinien, etwa auf der von C, von p aus, eine beliebig lange

Linie pf ab, verlängert die Richtung einer der andern Kräfte, etwa die von A entgegengesetzt, bis sie von der aus f mit der Richtung der dritten Kraft B parallel gezogenen Linie fg in g geschnitten wird, und zieht dann noch ge parallel mit fp bis zum Durchschnittspunct e mit der Richtung von B, so hat man in dem Parallelogram pfge, nach einem bekannten trigonometrischen Satz:

$$pg : pe = \text{Sin}\, peg : \text{Sin}\, pge \quad \text{und}$$

$$gg : pf = \text{Sin}\, pfg : \text{Sin}\, pgf,$$

oder, weil $\angle\, peg = pfg = 180 - \alpha$;

$$\angle\, pge = fpg = 180 - \beta \quad \text{und}$$

$$\angle\, pgf = epg = 180 - \gamma \quad \text{ist:}$$

$$pg : pe = \text{Sin}\, \alpha : \text{Sin}\, \beta \quad \text{und}$$

$$pg : pf = \text{Sin}\, \alpha : \text{Sin}\, \gamma; \quad \text{also}$$

$$pg : pe : pf = \text{Sin}\, \alpha : \text{Sin}\, \beta : \text{Sin}\, \gamma.$$

Es ist aber, nach §. 50.

$$A : B : C = \text{Sin}\, \alpha : \text{Sin}\, \beta : \text{Sin}\, \gamma$$

folglich auch:

$$A : B : C = pg : pe : pf,$$

und es finden also nun zwischen den Kräften A, B, C dieselben Vergleichungen statt, welche zwischen der Diagonale pg und den Seiten pe, pf des Parallelograms pfge aufgestellt werden können.

Anmerk. Häufig drückt man die Kräfte durch die proportionalen Linien aus, sagt also die Kraft pe statt: die Kraft B; die Kraft gp statt: die Kraft A; die Kraft pg statt: die Kraft — A. u. s. w.

§. 53.

Erklärungen. 1) Das Parallelogram pfge heißt: das Parallelogram der Kräfte, und ist von sehr vielfältiger Anwendbarkeit.

2) Wenn man für 2 Kräfte A, B, deren Richtungslinien sich in einem Punct p schneiden, die mittlere Kraft, also diejenige angiebt, welche allein dasselbe leistet, was jene beiden A und B vereint leisten würden, so heißt dieß: das Zusammensetzen der Kräfte.

3) Wenn man für eine Kraft A, zwei andere B, C, deren Richtungslinien in derselben Ebene liegen, und die von A in einem und demselben Punct schneiden, angiebt, welche vereint dasselbe leisten, was A allein leisten würde, so heißt dieß: das Zerlegen der Kraft A.

§. 54.

Aufgabe. Die Richtungslinie zweier Kräfte B und C schneiden sich unter den Winkel α; man soll die Kräfte zusammensetzen, d. h. man soll die Größe und Richtung der mittleren Kraft bestimmen.

Auflösung. Man mache Fig. 11.; pe:pf = B:C und bilde mit pe, pf und α das Parallelogramm epfg, so giebt die Diagonale pg die Richtung und — nach demselben Verhältniß wie pe die Größe von B; pf die von C ausdrückt, — die Größe der mittleren Kraft an.

Durch Rechnung erhält man die mittlere Kraft M nach §. 51.; nemlich:

$$M = \sqrt{B^2 + C^2 + 2BC \operatorname{Cos} \alpha}$$

und ihre Richtung, wenn man den $\angle$ fpg = x setzt, aus der Proportion

$$M : B = \text{Sin}\,\alpha : \text{Sin}\,x.\ \S.\ 50.$$

Anmerk. Läßt man M nicht nach der Richtung pg, sondern nach der gp wirken, so ist M die entgegengesetzt mittlere Kraft zu B und C und die drei Kräfte erhalten also Gleichgewicht.

§. 55.

Aufgabe. Eine gegebene Kraft A in zwei andern, nach gegebenen Richtungslinien, welche sich in einem und demselben Punct der Richtung von A schneiden, zu zerlegen.

Auflösung. Es sei pg Fig. 12. die Richtungslinie der gegebenen Kraft A; pr, pf die, die Linie pq unter den Winkeln α, β schneidenden, gegebenen Richtungen, der zu bestimmenden Seitenkräfte x, y, welche vereint dasselbe leisten sollen, was A allein leisten würde.

Man nehme pk beliebig groß, ziehe kn ⋕ pf; km ⋕ pr, so giebt das Parallelogram pnkm die Auflösung, indem

$$A : x : y = pk : pn : pm \text{ ist.}$$

Es folgt nemlich: aus

$$A : x = pk : pn \text{ oder}$$

$$A : x = \text{Sin}\,(\alpha + \beta) : \text{Sin}\,\beta;$$

$$x = \frac{A\,\text{Sin}\,\beta}{\text{Sin}\,(\alpha + \beta)} \text{ und eben so:}$$

aus $A : y = pk : pm$ oder

$$A : y = \text{Sin}\,(\alpha + \beta) : \text{Sin}\,\alpha;$$

$$y = \frac{A\,\text{Sin}\,\alpha}{\text{Sin}\,(\alpha + \beta)}.$$

§. 56.

Zusatz. Ist $\alpha + \beta = R$ oder 90°; so hat man aus §. 35.:

$$x = A \operatorname{Sin} \beta = A \operatorname{Cos} \alpha \quad \text{und}$$
$$y = A \operatorname{Sin} \alpha = A \operatorname{Cos} \beta.$$

§. 57.

Aufgabe. In einer Ebene △ liegen die Richtungslinien mehrerer thätigen Kräfte A, B, C u. s. w., welche untereinander Gleichgewicht erhalten. Die Lage dieser Richtungslinie ist dadurch bestimmt, daß die Winkel, welche sie mit einer in △ beliebig gezogenen geraden Linie l bilden $= \alpha, \beta, \gamma$ u. s. w., und zugleich auch die Abstände der Durchschnittspuncte der Richtungslinien mit l von einem in l beliebig angenommenen Punct p gleich a, b, c u. s. w. gegeben sind. Man soll die Bedingungsgleichungen des Gleichgewichts angeben.

Auflös. In Fig. 13. ist $pn = a$; $pm = b$; $pk = c$; u. s. w. Man denke sich die Kräfte A, B, C u. s. w. in den Puncten n, m, k u. s. w. wirkend (§. 35. 1.) und zerlege nach §. 55. und 56. jede in zwei Seitenkräfte, von welche die eine normal auf l, die andere in die Richtung von l fällt; man erhält erstere

$$= A \operatorname{Sin} \alpha; \quad B \operatorname{Sin} \beta; \text{ u. s. w.}$$

letztere $= A \operatorname{Cos} \alpha$; $B \operatorname{Cos} \beta$; u. s. w.

Da nun letztere alle in eine Richtung fallen, so muß, da Gleichgewicht vorausgesetzt ist, nach §. 34. ihre algebraische Summe gleich Null seyn, und dies giebt die Gleichung

$$A \operatorname{Cos} \alpha + B \operatorname{Cos} \beta + \ldots = 0.$$

Nothwendig besteht also das vorausgesetzte Gleichgewicht unter den parallel thätigen Kräften

$$A \text{ Sin } \alpha;\ B \text{ Sin } \beta;\ \text{u. s. w.}$$

und man hat daher, ganz nach §. 42.:

$$A \text{ Sin } \alpha + B \text{ Sin } \beta + \ldots = 0 \quad \text{und}$$

$$a A \text{ Sin } \alpha + b B \text{ Sin } \beta + \ldots = 0.$$

Die verlangten drei Bedingungsgleichungen sind folglich:

$$\text{I. } A \text{ Sin } \alpha + B \text{ Sin } \beta + \ldots = 0$$

$$\text{II. } A \text{ Cos } \alpha + B \text{ Cos } \beta + \ldots = 0$$

$$\text{III. } a A \text{ Sin } a + b B \text{ Sin } \beta + \ldots = 0,$$

und in diesen drei Gleichungen ist der ganze Inhalt dieses dritten Kapitels ausgesprochen.

§. 58.

Zusatz. Sind die Kräfte B, C u. s. w. nebst β, γ u. s. w. b, c u. s. w. gegeben, und sollen A, α, a der Bedingung gemäß bestimmt werden, daß sämmtliche Kräfte A, B, C u. s. w. untereinander Gleichgewicht erhalten, so hat man,

$$B \text{ Sin } \beta + C \text{ Sin } \gamma + \ldots = P$$

$$B \text{ Cos } \beta + C \text{ Cos } \gamma + \ldots = Q$$

$$b B \text{ Sin } \beta + c C \text{ Sin } \gamma + \ldots = R$$

gesetzt:

$$1)\quad A \text{ Sin } \alpha = -P$$

$$2)\quad A \text{ Cos } \alpha = -Q$$

$$3)\quad a A \text{ Sin } \alpha = -R$$

und hieraus 1) durch 2) dividirt:

$$\text{tang } \alpha = \frac{P}{Q};$$

ferner 3) durch 1) dividirt:

$$a = \frac{R}{P};$$

dann 1) und 2) quadrirt und addirt

$$A^2 = P^2 + Q^2; \text{ also}$$

$$A = +\sqrt{P^2 + Q^2} \text{ oder } = -\sqrt{P^2 + Q^2}$$

wo der eine Werth die mittlere, der andere die entgegengesetzt mittlere Kraft angiebt.

§. 59.

Beispiele. 1) In Beziehung auf eine feste durch p normal zu denkende Achse Fig. 14. wirken vier Kräfte von 5, 8, 10 und 9 Pfund, an den Hebelsarmen von 3, 2, 4 und 6 Fuß, wie die Figur sie andeutet. Die das Gleichgewicht herstellende Kraft x an einem Hebelsarm von 5 Fuß zu bestimmen.

Die Gleichheit ist: (§. 48.)

$$x.5 + 10.4 + 8.2 - 5.3 - 9.6 = 0$$

und hieraus

$$x = \frac{13}{5} = 2\tfrac{3}{5} \text{ Pfund.}$$

2) Die drei Kräfte von 6, 8 und 10 Pfund, wie sie Fig. 15. darstellt, wirken in einer Ebene an den Punct p unter den Winkeln 100° und 40°; man soll die Größe x der entgegengesetzt mittleren Kraft, und den ihre Richtungslinie bestimmenden Winkel y aufsuchen.

Die Gleichungen sind, nach §. 49.

$$6.\text{Sin}\,0 + x\,\text{Sin}\,y + 8.\text{Sin}\,100 + 10\,\text{Sin}\,140 = 0;$$

$$6\,\text{Cos}\,0 + x\,\text{Cos}\,y + 8\,\text{Cos}\,100 + 10\,\text{Cos}\,140 = 0;$$

oder

oder $x \operatorname{Sin} y = - 14,3063376$ und

$x \operatorname{Cos} y = 3,0496296$

folglich $\operatorname{tang} y = - \frac{143063376}{30496296}$

und daher $y = 102^\circ\ 2'$

ferner $x = - 14,627$ Pfund.

3) Zwischen den Kräften 10 und 8 in Fig. 15. die Richtung und Größe der mittleren Kraft zu bestimmen. Es ist die mittlere Kraft nach §. 51.

$= \sqrt{10^2 + 8^2 + 2 . 10 . 8 . \operatorname{Cos} 40} = 16,93$

und bezeichnet x den Winkel, welchen ihre Richtung mit der von 8 bildet, so ist

$16,93 : 10 = \operatorname{Sin} 40 : \operatorname{Sin} x;$

und hieraus

$x = 22^\circ\ 18\tfrac{2}{3}'$

Sucht man nun noch zwischen der gefundenen Kraft und der 6 in Fig. 15. die mittlere und ihre Richtung, so erhält man dieselben Resultate wie im zweiten Beispiel.

4) In Fig. 13. sei $A = - 8$; $B = 4$; $C = 10$; ferner in Beziehung auf die beliebig gewählte, die Richtungen durchschneidende Linie l und den ebenfalls willkührlichen Punct p in ihr $pn = 5$; $nm = 6$; $mk = 2$; $\alpha = 30^\circ$; $\beta = 90^\circ$; $\gamma = 120^\circ$.

Es wird die zum herzustellenden Gleichgewicht noch erforderliche Kraft x, nebst dem Winkel y, den ihre Richtung mit l bilden wird, und den Abstand z von p bis zum Durchschnittspunct mit l, gesucht.

Die Gleichungen sind, nach §. 57.

$$-8 \operatorname{Sin} 30 + 4 \operatorname{Sin} 90 + 10 \operatorname{Sin} 120 + x \operatorname{Sin} y = 0$$

$$-8 \operatorname{Cos} 30 + 4 \operatorname{Cos} 90 + 10 \operatorname{Cos} 120 + x \operatorname{Cos} y = 0$$

$$-5.8 \operatorname{Sin} 30 + 11.4 \operatorname{Sin} 90 + 13.10 \operatorname{Sin} 120 + z.x \operatorname{Sin} y = 0$$

oder, hinreichend scharf

$$x \operatorname{Sin} y = -8{,}66$$

$$x \operatorname{Cos} y = +11{,}93$$

$$z x \operatorname{Sin} y = -136{,}58$$

daher, wie in §. 58.

$$\operatorname{tang} y = -\frac{866}{1193}$$

also y etwas weniges über 144°;

$$\text{ferner } z = \frac{13658}{866} = 15{,}77$$

$$\text{und } x = \frac{-8{,}66}{\operatorname{Sin} 144} = -14{,}74.$$

Viertes Kapitel.

Von den Bedingungen des Gleichgewichts, wenn die Kräfte nach Richtungslinien wirken, die nicht in einer Ebene liegen und nicht parallel sind.

§. 60.

Aufgabe. Es wirken im Raum vertheilt, mehrere untereinander Gleichgewicht erhaltende Kräfte A, B, C, D, u. s. w. auf ein festes System; und Fig. 16. stelle eine, die Richtungen derselben in n, m, u. s. w. durchschneidende Ebene △ dar; in dieser Ebene ist ein beliebiger Punct p und durch ihn eine beliebige Linie l gewählt; die Normalen von n, m u. s. w. auf l sollen a, b u. s. w.; die zugehörigen Abscissen auf l, von p aus sollen a', b' u. s. w. heißen. α, β u. s. w. drücken die Winkel aus, welche die Richtungen der Kräfte A, B u. s. w. mit der Ebene Δ; α', β' u. s. w. aber diejenigen, welche ihre Projectionen auf Δ; nemlich nr, mq u. s. w. mit der Linie l bilden. Durch A, B u. s. w., a, b u. s. w., a', b' u. s. w., α, β u. s. w., α', β' u. s. w. die Bedingungsgleichungen des Gleichgewichts auszudrücken.

Auflösung. Man denke sich die Kräfte A, B u. s. w. in den Puncten n, m u. s. w. angreifend, und zerlege jede in zwei Seitenkräfte, die eine normal auf Δ, die andere in Δ, nach der Richtung der Projectionen nr, mq u. s. w. thätig; erstere sind $= A \sin\alpha$, $B \sin\beta$, u. s. w., letztere $= A \cos\alpha$, $B \cos\beta$, u. s. w. Da nun, der Voraussetzung nach, Gleichgewicht statt findet, also durch die Thätigkeit der Kräfte A, B u. s. w. keine Bewegung nach der auf Δ normalen Richtung erfolgt, so müssen in Beziehung auf die Kräfte $A \sin\alpha$, $B \sin\beta$ u. s. w., welche normal auf Δ wirken, die drei Gleichungen §. 45. statt finden, nemlich

$$A \sin\alpha + B \sin\beta + \ldots = 0$$
$$a A \sin\alpha + b B \sin\beta + \ldots = 0$$
$$a' A \sin\alpha + b' B \sin\beta + \ldots = 0.$$

Weil dann ferner auch, durch die Einwirkung der Kräfte $A \cos\alpha$; $B \cos\beta$ u. s. w. keine Bewegung nach einer in Δ liegenden Richtung statt findet, in sofern

Gleichgewicht vorausgesetzt ist, so müssen, in Beziehung auf diese Kräfte, die drei Gleichungen §. 57. gelten, nemlich:

$$A \operatorname{Cos}\alpha \operatorname{Sin}\alpha' + B \operatorname{Cos}\beta \operatorname{Sin}\beta' + \ldots\ldots = 0$$

$$A \operatorname{Cos}\alpha \operatorname{Cos}\alpha' + B \operatorname{Cos}\beta \operatorname{Cos}\beta' + \ldots\ldots = 0$$

$$pr. A \operatorname{Cos}\alpha \operatorname{Sin}\alpha' + pq. B \operatorname{Cos}\beta \operatorname{Sin}\beta' + \ldots = 0$$

Es ist aber $pr = a' + a \operatorname{Cotg}\alpha'$;

$pq = b' + b \operatorname{Cotg}\beta'$ u. s. w.;

und setzt man diese Werthe in die letzte der Gleichungen, so hat man folgende 6 Bedingungsgleichungen des Gleichgewichts:

I. $A \operatorname{Sin}\alpha + B \operatorname{Sin}\beta + \ldots\ldots = 0$

II. $a A \operatorname{Sin}\alpha + b B \operatorname{Sin}\beta + \ldots\ldots = 0$

III. $a' A \operatorname{Sin}\alpha + b' B \operatorname{Sin}\beta + \ldots\ldots = 0$

IV. $A \operatorname{Cos}\alpha \operatorname{Sin}\alpha' + B \operatorname{Cos}\beta \operatorname{Sin}\beta' + \ldots = 0$

V. $A \operatorname{Cos}\alpha \operatorname{Cos}\alpha' + B \operatorname{Cos}\beta \operatorname{Cos}\beta' + \ldots\ldots = 0$

VI. $A \operatorname{Cos}\alpha (a' \operatorname{Sin}\alpha' + a \operatorname{Cos}\alpha')$

$+ B \operatorname{Cos}\beta (b' \operatorname{Sin}\beta' + b \operatorname{Cos}\beta') + \ldots = 0$

§. 61.

Zusatz. Da zu Bestimmung einer Kraft und ihrer Lage aus diesen Gleichungen, 6 Bedingungen zu erfüllen, und nur 5 Grössen zu bestimmen sind, so existirt für die hieher gehörigen Fälle nicht immer eine mittlere Kraft, sondern nur dann, wenn die gegebenen Grössen einer aufzusuchenden Bedingung entsprechen. Diese folgt im nächsten §.

§. 62.

Aufgabe. Es sind die Kräfte B, C u. s. w. nebst denen ihre Lage bestimmenden Grössen b, c u. s. w.;

b', c' u. s. w; β, γ u. s. w.; β', γ u. s. w. gegeben; man soll die Bedingungsgleichung angeben, welche zwischen diesen Größen statt finden muß, damit sie eine entgegengesetzt mittlere Kraft A zulassen, und deren Größe, so wie auch ihre durch a, a', α, α' bestimmte Lage, bestimmt wird.

Auflösung.

Man bezeichne $B \operatorname{Sin}\beta + C \operatorname{Sin}\gamma + \ldots$ mit N;
$bB \operatorname{Sin}\beta + cC \operatorname{Sin}\gamma + \ldots\ldots$ mit M;
$b'B \operatorname{Sin}\beta + c'C \operatorname{Sin}\gamma + \ldots\ldots$ mit P;
$B \operatorname{Cos}\beta \operatorname{Sin}\beta' + C \operatorname{Cos}\gamma \operatorname{Sin}\gamma' + \ldots\ldots$ mit Q,
$B \operatorname{Cos}\beta \operatorname{Cos}\beta' + C \operatorname{Cos}\gamma \operatorname{Cos}\gamma' + \ldots\ldots$ mit R,
$B \operatorname{Cos}\beta(b' \operatorname{Sin}\beta' + b \operatorname{Cos}\beta') + C \operatorname{Cos}\gamma(c' \operatorname{Sin}\gamma' + c \operatorname{Cos}\gamma') \ldots$ mit T,

so hat man die 6 Gleichungen

1) $A \operatorname{Sin}\alpha = - N$
2) $aA \operatorname{Sin}\alpha = - M$
3) $a'A \operatorname{Sin}\alpha' = - P$
4) $A \operatorname{Cos}\alpha \operatorname{Sin}\alpha' = - Q$
5) $A \operatorname{Cos}\alpha \operatorname{Cos}\alpha' = - R$
6) $a'A \operatorname{Cos}\alpha \operatorname{Sin}\alpha' + aA \operatorname{Cos}\alpha \operatorname{Cos}\alpha' = - T$

Aus 2) dividirt durch 1) folgt

$$a = \frac{M}{N}$$

Aus 3) dividirt durch 1) aber

$$a' = \frac{P}{N};$$

und setzt man diese Werthe, so wie 4) und 5) in 6), so entsteht

$$-\frac{P}{N} \cdot Q - \frac{M}{N} \cdot R = - T; \text{ oder}$$

$$PQ + MR - NT = 0,$$

welches die verlangte Bedingungsgleichung zwischen den Größen B, C u. s. w., b, c u. s. w., b', c' u. s. w., β, γ u. s. w., β' γ' u. s. w. ist.

§. 63.

Aufgabe. Die im vorigen § hergeleitete Bedingungsgleichung findet statt; man soll A, a, a', α, α' bestimmen.

Auflösung. Es ergiebt sich, bei der im vorigen §. eingeführten Bezeichnung leicht;

$$a = \frac{M}{N}$$

$$a' = \frac{P}{N}$$

$$\text{tang}\ \alpha' = \frac{Q}{R}$$

$$A = \sqrt{N^2 + Q^2 + R^2}$$

$$\text{Sin}\,\alpha = \frac{-N}{\sqrt{N^2 + Q^2 + R^2}}$$

oder auch, für die beiden letzten:

$$\text{tg}\ \alpha = \frac{N}{Q}\ \text{Sin}\,\alpha'$$

$$A = \frac{-N}{\text{Sin}\,\alpha}.$$

§. 64.

Beispiel. Es sey $B = 4$; $C = 12$; $D = -10$;
$b = 2$; $c = -3$; $d = -2$;
$b' = x$; $c' = 1$; $d' = 3$;
$\beta = 30°$; $\gamma = 90°$; $\delta = 60°$;
$\beta' = 60°$; $\delta' = 30°$;

Man soll fürs Gleichgewicht b' und A, a, a', α, α' bestimmen.

Es ergiebt sich $N = 6,34$

$M = -14,68$

$P = 2x - 13,98$

$Q = 0,5$

$R = -2,598$

$T = 3x + 4,624$

und nun, aus der Bedingungsgleichung

$$PQ + MR - NT = 0$$

$$b' = x = 0,43,$$

so daß also jetzt $P = -12,12$

$T = 5,914$ ist.

Man erhält sodann aus §. 63.

$a = -2,749$

$a' = -2,457$

$\alpha' = 169^\circ\ 7'$

$\alpha = 63^\circ\ 37'$

$A = -5,9609.$

Fünftes Capitel.

Vom Prinzip der virtuellen Geschwindigkeiten.

---

§. 65.

Die in den 4 abgehandelten Capiteln hergeleiteten Bedingungsgleichungen sind:

I. Für parallel thätige Kräfte in einer Ebene

$$\left.\begin{array}{l} 1)\ A + B + \ldots = 0 \\ 2)\ aA + bB + \ldots = 0 \end{array}\right\}\ \text{§. 42.}$$

II. Für parallel thätige Kräfte in verschiedenen Ebenen. §. 45.

$$1)\quad A + B + \ldots = 0$$
$$2)\quad aA + bB + \ldots = 0$$
$$3)\quad a'A + b'B + \ldots = 0$$

III. Für nicht parallel thätige Kräfte in einer Ebene. §. 57.

$$1)\quad A \operatorname{Sin} \alpha + B \operatorname{Sin} \beta + \ldots = 0$$
$$2)\quad A \operatorname{Cos} \alpha + B \operatorname{Cos} \beta + \ldots = 0$$
$$3)\quad aA \operatorname{Sin} \alpha + bB \operatorname{Sin} \beta + \ldots = 0.$$

IV. Für nicht parallel thätige Kräfte in verschiedenen Ebenen. §. 60.

$$1)\quad A \operatorname{Sin} \alpha + B \operatorname{Sin} \beta + \ldots = 0$$
$$2)\quad A \operatorname{Cos} \alpha \operatorname{Sin} \alpha' + B \operatorname{Cos} \beta \operatorname{Sin} \beta' + \ldots = 0$$
$$3)\quad A \operatorname{Cos} \alpha \operatorname{Cos} \alpha' + B \operatorname{Cos} \beta \operatorname{Cos} \beta' + \ldots = 0$$
$$4)\quad aA \operatorname{Sin} \alpha + bB \operatorname{Sin} \beta + \ldots = 0$$
$$5)\quad a'A \operatorname{Sin} \alpha + b'B \operatorname{Sin} \beta + \ldots = 0$$
$$6)\quad (a' + a \operatorname{Cotg} \alpha') A \operatorname{Cos} \alpha \operatorname{Sin} \alpha' + (b' + b \operatorname{Cotg} \beta') B \operatorname{Cos} \beta \operatorname{Sin} \beta' + \ldots = 0.$$

Betrachtet man diese Gleichungen genauer, so fällt in die Augen, daß die I, 1); II, 1); III, 1); III, 2); IV, 1); IV, 2); IV, 3) das ohne Erfolg bleibende Bestreben, dem angegriffenen System, fortgehende Bewegung, die übrigen aber, nehmlich I, 2), II, 2 u. 3), III, 3), IV, 4), 5), 6) das, ebenfalls ohne Erfolg bleibende, Bestreben, dem angegriffenen System, drehende Bewegung mitzutheilen, ausdrücken.

Es giebt also hier nur zweierlei, ihrer Natur nach verschiedene, Gleichungen, nehmlich solche, welche sich auf fortgehende oder gradlinigte, und solche, welche sich auf drehende Bewegung beziehen, und zwar erscheinen in jedem Capitel, in allen diesen Gleichungen, in jeder die Richtungen der in ihr vorkommenden Kräfte, als parallel, gegenseitig aber, als rechtwinklicht.

Nun kann aber bewiesen werden:

1) daß jede Gleichung der ersten Art, also jede, welche die algebraische Summe thätiger Kräfte als Null darstellt, einerlei ist mit derjenigen, welche entsteht, wenn man sich irgend eine Bewegung des Systems vorstellt, jede Kraft mit dem Weg, den ihr Angriffspunct dann zurücklegen würde, multiplicirt, und die algebraische Summe dieser Producte gleich Null setzt.

2) Daß jede Gleichung der zweiten Art, also jede, welche die algebraische Summe der Momente der thätigen Kräfte, in Beziehung auf irgend eine, mit ihren Richtungen rechtwinklichte Achse als Null darstellt, einerlei ist mit derjenigen, welche entsteht, wenn man sich wirklich Drehung um diese Achse vorstellt, jede Kraft mit dem Weg, den der Endpunct ihres Hebelsarms dann durchlaufen würde, multiplicirt, und die algebraische Summe dieser Producte gleich Null setzt; und diese beiden Gesetze, deren Wahrheit im folgenden §. bewiesen werden wird, bilden das Prinzip der virtuellen Geschwindigkeiten oder des Bestrebens zur Bewegung.

§. 66.

Lehrsatz. Die Richtigkeit des Princips der virtuellen Geschwindigkeiten zu beweisen.

Beweis. 1) Wenn Kräfte A, B, C u. s. w., deren Richtungslinien parallel sind, und in einer oder in verschiedenen Ebenen liegen, unter einander Gleichgewicht erhalten, und man denkt sich das ganze System nach der Richtung der thätigen Kräfte um den Weg v fortbewegt, so muß, wegen der parallelen Lage aller Richtungslinien, jeder Punct jeder Richtungslinie den Weg v durchlaufen. Nun ist aber, weil Gleichgewicht statt findet

$$A + B + C + \ldots = o$$

und folglich auch

$$Av + Bv + Cv + \ldots = o,$$

welche Gleichung die Richtigkeit des Prinzips in Beziehung auf Bestreben zu fortgehender geradlinigter Bewegung ausspricht.

2) Denkt man sich irgend eine Achse und setzt die Hebelsarme der Kräfte A, B, C u. s. w. in Beziehung auf dieselbe = a, b, c u. s. w., so ist, wenn Gleichgewicht statt findet, wie vorausgesetzt wird,

$$Aa + Bb + Cc + \ldots = o.$$

Wenn man sich nun eine, irgend einen Winkel φ zugehörige (nicht erfolgende) Drehung um diese Achse vorstellt, und die Bogen, welche die Endpuncte der Hebelsarme dann durchlaufen würden, = α, β, γ u. s. w. setzt, so verhält sich, wie man leicht übersieht

$$a : b : c \text{ u. s. w.} = \alpha : \beta : \gamma \text{ u. s. w.},$$

und hieraus ist

$$b = \frac{a\beta}{\alpha}; \; c = \frac{a\gamma}{\alpha} \text{ u. s w.}$$

folglich, wenn man diese Werthe in die Gleichung $Aa + Bb + Cc + \ldots = o$ substituirt

$$Aa + B\frac{a\beta}{\alpha} + C\frac{a\gamma}{\alpha} + \ldots = o$$

oder, mit α multiplicirt und mit a dividirt

$$A\alpha + B\beta + C\gamma + \ldots = o,$$

welche Gleichung die Richtigkeit des Prinzips in Beziehung auf Bestreben zu drehender Bewegung ausspricht.

§. 67.

Zusatz. In der Anwendung ist es gewöhnlich am bequemsten, die erforderlichen Gleichungen, welche sich auf Bestreben zu geradlinigter Bewegung beziehen, durch das Prinzip der virtuellen Geschwindigkeiten: diejenigen aber, welche Bestreben zu drehender Bewegung aussprechen, durch die statischen Momente (so wie in den ersten 4 Capiteln) auszudrücken, bei den letzten aber die Drehachsen so zu wählen, daß die Hebelsarme der möglichst größten Anzahl Kräfte als Null erscheinen.

Beispiel. In dem Mittelpunct f der festen Linie nm von der Länge a Fig. 17. wirkt in derselben Ebene nach der Richtung fg eine Kraft = A unter dem Winkel α mit nm; die Linie a soll durch die zu bestimmenden in derselben Ebene thätigen Kräfte x, y, z, von welchen die x nach der Richtung mr, normal auf fg, die y nach der Richtung kn parallel mit gf; die z aber nach der Richtung nh, unter dem Winkel β mit kn thätig ist, im Gleichgewicht erhalten werden.

Nach 57. sind, in Beziehung auf die Linie nm und eine durch n normal zu denkende Achse, die Gleichungen:

$$1)\ z \operatorname{Sin}(\beta - \alpha) + y \operatorname{Sin}(360 - \alpha) + A \operatorname{Sin}(180 - \alpha) + x \operatorname{Sin}(270 - \alpha) = 0$$

$$2)\ z \operatorname{Cos}(\beta - \alpha) + y \operatorname{Cos}(360 - \alpha) + A \operatorname{Cos}(180 - \alpha) + x \operatorname{Cos}(270 - \alpha) = 0$$

$$3)\ 0 . z \operatorname{Sin}(\beta - \alpha) + 0 . y \operatorname{Sin}(360 - \alpha) + \tfrac{1}{2} a A \operatorname{Sin}(180 - \alpha) + a . x \operatorname{Sin}(270 - \alpha) = 0$$

oder, $\beta - \alpha = \gamma$ gesetzt;

$$1)\ z \operatorname{Sin}\gamma - y \operatorname{Sin}\alpha + A \operatorname{Sin}\alpha - x \operatorname{Cos}\alpha = 0$$

$$2)\ z \operatorname{Cos}\gamma + y \operatorname{Cos}\alpha - A \operatorname{Cos}\alpha - x \operatorname{Sin}\alpha = 0$$

$$3)\ \tfrac{1}{2} a A \operatorname{Sin}\alpha - a x \operatorname{Cos}\alpha = 0.$$

Aus der dritten Gleichung folgt sogleich

$$x = \tfrac{1}{2} A \operatorname{tg}. \alpha.$$

Setzt man diesen Werth in 1, und 2; multiplicirt 1) mit $\operatorname{Cos}\alpha$; 2) mit $\operatorname{Sin}\alpha$ und addirt, so erhält man:

$$z = \frac{A \operatorname{tg}. \alpha}{2 \operatorname{Sin}\beta}$$

und nun auch $y = \tfrac{1}{2} A \left(1 + \frac{\operatorname{Sin}\gamma}{\operatorname{Sin}\beta \operatorname{Cos}\alpha}\right)$

Viel leichter wird hier die Arbeit, wenn man für die beiden ersten Gleichungen das Prinzip der virtuellen Geschwindigkeiten in Beziehung auf fortgehende Bewegungen nach den Richtungen fg und mr in Anwendung bringt, bei der dritten aber die Momente der Kräfte A und x gleich selbst nimmt.

Zerlegt man nemlich z in n, in eine Seitenkraft $z \operatorname{Cos} \beta$ nach kn und in eine $z \operatorname{Sin} \beta$ parallel mit rm, so hat man, den idealen Weg nach der Richtung $fg = 1$ gesetzt,

$$1) \quad A \cdot 1 - z \operatorname{Cos} \beta \cdot 1 - y \cdot 1 = 0$$

und dann, den idealen Weg nach der Richtung $mr = 1$ gesetzt;

$$2) \quad x - z \operatorname{Sin} \beta \cdot 1 = 0.$$

Ferner, da die Normale von n auf die Richtung $fg = \frac{1}{2} a \operatorname{Sin} \alpha$ und die auf die Richtung mr $= a \operatorname{Cos} \alpha$ ist

$$3) \quad A \cdot \tfrac{1}{2} a \operatorname{Sin} \alpha - x \cdot a \operatorname{Cos} \alpha = 0$$

Aus 3) ist $x = \frac{1}{2} A \operatorname{tg} \alpha$

dann aus 2) $z = \dfrac{A \operatorname{tg} \alpha}{2 \operatorname{Sin} \beta}$

und nun aus 1)

$$y = A \left(1 - \frac{\operatorname{tg} \alpha \operatorname{Cos} \beta}{2 \operatorname{Sin} \beta}\right)$$

$$y = \tfrac{1}{2} A \left(1 + \frac{\operatorname{Sin} (\beta - \alpha)}{\operatorname{Sin} \beta \operatorname{Cos} \alpha}\right)$$

§. 68.

Zusatz. Wirken nur zwei Kräfte A und B auf ein festes System, und erhalten dieses im Gleichgewicht; bezeichnet ferner α den Weg, welchen dem Bestreben von A gemäß, wenn Bewegung entstände, der Angriffspunct von A durchlaufen würde, so müßte dann der Angriffspunct von B, dem Bestreben von B entgegengesetzt, in derselben Zeit irgend einen Weg durchlaufen, welcher durch $-\beta$ ausgedrückt werden soll. Nach dem Prinzip der virtuellen Geschwindigkeiten ist, bei dieser Bezeichnung

$$A\alpha - B\beta = 0; \text{ oder}$$

$$A : B = \beta : \alpha$$

d. h. Zwei untereinander Gleichgewicht erhaltende Kräfte verhalten sich umgekehrt, wie die Wege, welche ihre Angriffspuncte, im Fall daß Bewegung entstünde, gleichzeitig durchlaufen würden, und dieses Gesetz ist unter dem Namen des Cartesischen Grundsatzes bekannt.

Zweite Abtheilung.

Die Geostatik, oder: Anwendungen der statischen Gesetze auf das Gleichgewicht fester Körper untereinander.

Erstes Capitel.

Vom Schwerpunct.

§. 69.

Erklärung.

Wenn ein fester Körper von der Kraft der Schwere ergriffen wird, so sind die Richtungen aller thätigen Kräfte als parallel anzusehen, und die für jede beliebige Lage des Körpers c nach statischen Gesetzen zu bestimmende Richtungslinie der mittleren Kraft heißt eine Schwerlinie; der Punct aber, in welchen alle Schwerlinien sich durchschneiden, der Schwerpunct des Körpers.

Jede Ebene, durch eine Schwerlinie gelegt, heißt eine Schwerebene. Zu Bestimmung des Schwerpuncts eines Körpers ergeben sich also folgende Methoden.

1) Man bestimme zwei Schwerlinien;

2) man bestimme eine Schwerebene und eine Schwerlinie;

3) man bestimme drei Schwerebenen; der jedesmalige Durchschnittspunct ist der verlangte Schwerpunct, und es fällt in die Augen, daß hier nur die Gleichungen §. 65. I. und II. in Anwendung kommen können.

§. 70.

Aufgabe. Eine gerade Linie wird in allen ihren Puncten von der Schwerkraft ergriffen. Man soll ihren Schwerpunct bestimmen.

Auflösung. Er liegt nach §. 37. 3) in der Mitte der Linie.

§. 71.

Aufgabe. Den Schwerpunct eines schweren Kreisbogens zu bestimmen.

Auflösung. 1) Man denke sich den Kreisbogen A B C Fig. 18. in horizontaler Lage; D sei der Mittelpunct des zugehörigen Kreises; Bogen A B = Bogen B C; die Länge des Bogens A B C = a; die der zugehörigen Sehne A C = b; das Gewicht der Längeneinheit des Bogens A B C = W; die Länge des Halbmessers = r; der Mittelpunctswinkel A D C des Bogens a = 2 α.

2) Man ziehe B D und durch D eine Parallele v z mit b, und beziehe die Momente auf diese beiden Linien. Ferner denke man sich in dem zu bestimmenden Schwerpunct

punct die Kraft a . W vertical nach oben thätig, so findet Gleichgewicht statt.

3) Den Bogen ABC denke man sich in n gleiche Theilchen CE, EF u. s. w. LA getheilt, so klein gedacht, daß dieselben als gerade Linien anzusehen sind, und halbire diese Theilchen in G, H u. s. w. R; so sind nach §. 70; G, H u. s. w. R als die Schwerpuncte der Stückchen CE, EF u. s. w. LA zu betrachten. Aus G, H u. s. w. R fälle man die Normalen GJ, HP u. s. w. RT auf VZ und die GK, HQ u. s. w. RK auf BD, setze die Entfernung des Schwerpuncts des Bogens, von VZ = x von BD = y, so hat man die Gleichungen

1) $W . a - W . CE - W . EF \ldots - W . LA = 0$

2) $W . a . x - W . CE . GI - W . EF . HP \ldots$
$- W . LA . RT = 0$

3) W a . y ± der Summe der Momente der Gewichte aller Theilchen von C bis B in Beziehung auf BD; ∓ der Summe der Momente aller Theilchen von B bis A ebenfalls in Beziehung auf BD = o oder

1) $a = CE + EF + \ldots + LA.$

2) $ax = CE . GI + EF . HP + \ldots + LA . RT.$

3) $W a . y = 0.$

Die erste Gleichung ist identisch, der Bezeichnung zufolge.

Die dritte liefert y = o, so daß also der **gesuchte Schwerpunct** in DB liegt.

Um aus der zweiten x zu erhalten ziehe man den

Halbmesser DG = r und fälle die Normale EN auf AC, so hat man

$\triangle ENC \sim \triangle DGI$; folglich

$EC : CN = r : GI$ und hieraus

$CE . GI = r . CN$

Eben so ergiebt sich wenn man FM normal auf AC zieht

$EF . HP = r . NM$

u. s. w.

und setzt man diese Werthe in 2; so entsteht

$$ax = r . (CN + NM + \ldots)$$

oder

$$ax = r . b; \text{ folglich}$$

$$x = \frac{r . b}{a}; \text{ oder auch}$$

$$a : b = r : x$$

d. h. der Bogen verhält sich zur Sehne, wie der Halbmesser zur Entfernung des Schwerpuncts von dem mit der Sehne parallelen Durchmesser.

Da $a = \frac{2\alpha}{360} . 2r\pi$; $b = 2r \operatorname{Sin}\alpha$ ist, so hat man auch

$$x = \frac{180}{\pi} . \frac{\operatorname{Sin}\alpha}{\alpha} . r$$

§. 72.

Aufgabe. Den Schwerpunct eines schweren Dreiecks (d. h. einer Dreieckebene, welche in allen ihren Puncten von gleich großen parallel thätigen Kräften angegriffen wird) zu bestimmen.

Auflösung. Ist ABC Fig. 19. das schwere Dreieck, so wird, wenn man eine der Seiten, etwa BC in D halbirt, und aus D nach der gegenüberliegenden Ecke A die gerade Linie DA zieht, der gesuchte Schwerpunct in DA liegen, also DA eine Schwerlinie seyn, denn bildet man die Momente der Gewichte aller mit BC parallelen schweren Linien des Dreiecks in Beziehung auf AD, so ergiebt sich wie im vorigen §. der Abstand des gesuchten Schwerpuncts von DA gleich Null. Halbirt man nun auch, noch eine der Seiten, etwa AC, in E und zieht EB, so liegt aus demselben Grund der gesuchte Schwerpunct auch in BE und folglich ist der Durchschnittspunct F beider Schwerlinien, der Schwerpunct des Dreiecks.

Verbindet man die Puncte D und E durch eine gerade Linie, so ist $DE \# BA$ folglich $\triangle DFE \sim BFA$ und daher

$$AF : FD = AB : DE$$

also auch

$$AF : FD = BC : DC$$
$$= 2 : 1$$

folglich $AD : FD = 3 : 1$ und

daher $DF = \frac{1}{3} DA$.

Bezeichnet man also eine der Höhen des Dreiecks mit h, so ist die Entfernung des Schwerpunctes des Dreiecks von der zugehörigen Grundlinie $= \frac{1}{3} h$

§. 73.

Aufgabe. Den Schwerpunct jedes ebenen schweren Vielecks zu bestimmen.

Auflösung. Es sei ABCDE Fig. 20. das Vieleck in horizontaler Lage gedacht. Man zertheile dasselbe durch Diagonalen AC, AD in die Dreiecke ABC, ACD, ADE und bestimme nach dem vorigen §. die Schwerpuncte F, G, H derselben; nun wähle man in derselben Ebene zwei beliebige normal auf einander stehende Linien NI, NK und fälle auf sie die Normalen FQ, GR. HT, FL, GP, HM, setze das Gewicht der Ebeneneinheit = p, den Abstand des gesuchten Schwerpuncts von NI = x; von NK = y, so hat man die Gleichungen

$$p ABCDE . x - q . ABC . FQ - p . ACD . GR - p . ADE . HT = 0; \text{ und}$$

$$p . ABCDE . y - p . ABC . FL - p . ACD . GP - p . ADE . HM = 0$$

und aus ihnen

$$x = \frac{ABC . FQ + ACD . GR + ADE . HT}{ABCDE};$$

$$y = \frac{ABC . FL + ACD . GP + ADE . HM}{ABCDE}$$

Zieht man nun in der Entfernung x eine Parallele mit NI und in der Entfernung y eine Parallele mit NK so giebt der Durchschnittspunct beider den verlangten Schwerpunct.

§. 74.

Aufgabe. Den Schwerpunct des schweren Kreisausschnitts zu bestimmen.

Auflösung. Man denke sich den Kreisausschnitt durch Halbmesser in eine Menge sehr kleiner

Kreisausschnittchen getheilt, so klein, daß jedes als ein Dreieck zu betrachten ist, so liegen die Schwerpuncte aller dieser Kreisausschnittchen in dem mit $\frac{2}{3}$ des Halbmessers r beschriebenen concentrischen Bogen (§. 72.), und der Schwerpunct dieses Bogens ist also zugleich der verlangte Schwerpunct des Kreisausschnitts. Seine Entfernung von dem mit der Sehne parallelen Durchmesser ist folglich nach §. 71., bei derselben Bezeichnung $= \frac{180}{\pi} \cdot \frac{\text{Sin}\,\alpha}{\alpha} \cdot \frac{2}{3} r$ oder

$$= \frac{120}{\pi} \cdot \frac{\text{Sin}\,\alpha}{\alpha} \cdot r$$

Für den Halbkreis entspringt hieraus die Entfernung seines Schwerpuncts von seinem Durchmesser

$$= \frac{4}{3\pi} \cdot r.$$

§. 75.

Aufgabe. Den Schwerpunct des schweren Kreisabschnitts zu bestimmen.

Auflösung. Es sei ABC Fig. 18. der schwere Kreisabschnitt; D der Mittelpunct des zugehörigen Kreises; also ADC das zum Kreisausschnitt ABCD ergänzende Dreieck; so ist, $\angle$ ADC $= 2\alpha$; den Halbmesser des Kreises $=$ r gesetzt, in Beziehung auf die mit AC parallele Linie VZ der Hebelsarm des Kreisausschnitts ABC, nach §. 74. $= \frac{120}{\pi} \cdot \frac{\text{Sin}\,\alpha}{\alpha} \cdot r$ welche Größe e heißen soll: und der Hebelsarm des Dreiecks ADC $= \frac{2}{3} r \,\text{Cos}\,\alpha$ welche Größe durch f ausgedrückt werden soll. Setzt man nun die Entfernung des in

DB liegenden gesuchten Schwerpuncts des Kreisabschnitts von $VZ = x$, so hat man die Gleichung

$$ABCD \cdot e - ACD \cdot f - ABC \cdot x = 0;$$

und hieraus

$$x = \frac{ABCD \cdot e - ACD \cdot f}{ABC};$$

in welcher Formel

$$ABCD = \frac{\alpha}{180} \cdot r^2 \pi$$

$$ACD = \tfrac{1}{2} r^2 \operatorname{Sin} 2\alpha$$

$$ABC = \frac{\alpha}{180} r^2 \pi - \tfrac{1}{2} r^2 \operatorname{Sin} 2\alpha$$

$$e = \frac{120}{\pi} \frac{\operatorname{Sin} \alpha}{\alpha} r \text{ und}$$

$$f = \tfrac{2}{3} r \operatorname{Cos} \alpha \text{ ist.}$$

§. 76.

Aufgabe. Den Schwerpunct des concentrischen Ringstücks zu bestimmen. Fig. 21.

Auflösung. Ist ABCD Fig. 21. das concentrische Ringstück, E der zugehörige Mittelpunct; $\angle BEK = KEC = \alpha$; der Halbmesser $BE = EC = r$; der $AE = DE = \rho$; H der Schwerpunct des Ausschnitts BCE; F der des Ausschnitts ADE; G der gesuchte des Ringstücks; $GE = x$; so hat man

$$BCE \cdot HE - ADE \cdot FE - ABCD \cdot x = 0;$$

also

$$x = \frac{BCE \cdot HE - ADE \cdot FE}{ABCD}$$

Es ist aber $BCE = \frac{\alpha}{180} \cdot r^2 \pi$

$$ADE = \frac{\alpha}{180} \cdot \varrho^2 \pi$$

$$ABCD = \frac{\alpha}{180} (r^2 - \varrho^2) \pi$$

$$HE = \frac{120}{\pi} \frac{\sin\alpha}{\alpha} . r$$

$$FE = \frac{120}{\pi} . \frac{\sin\alpha}{\alpha} . \varrho$$

folglich, wenn man diese Werthe substituirt

$$x = \frac{120}{\pi} . \frac{\sin\alpha}{\alpha} . \frac{r^3 - \varrho^3}{r^2 - \varrho^2};$$

oder auch

$$x = \frac{120}{\pi} . \frac{\sin\alpha}{\alpha} . \frac{r^2 + r\varrho + \varrho^2}{r + \varrho}$$

§. 77.

Zusatz. Fällt man die Normale GP auf BE, so hat man

$$EP = EG . \cos\alpha$$

oder, den Werth für EG = x aus dem vorigen §. substituirt

$$EP = \frac{120}{\alpha} . \frac{\sin 2a}{2\alpha} . \frac{r^3 - \varrho^3}{r^2 - \varrho^2} .$$

§. 78.

Aufgabe. Den Schwerpunct des schweren Prismens zu bestimmen.

Auflösung. Er liegt, wie man sogleich einsieht, in der Mitte der geraden Verbindungslinie der Schwerpuncte beider Grundebenen.

§. 79.

Aufgabe. Den Schwerpunct der Pyramide zu bestimmen.

Auflösung. 1) Für die dreiseitige. Fig. 22. Nimmt man CE = EB, zieht AE, macht EF = $\frac{1}{3}$AE und zieht FD, so ist F der Schwerpunct des Dreiecks ABC und FD trift also die Schwerpuncte aller mit ABC parallelen Durchschnittsebenen der Pyramide; folglich muß auch die algebraische Summe der Momente aller hier thätigen Schwerkräfte in Beziehung auf FD gleich Null, d. h. FD muß eine Schwerlinie sein. Macht man nun auch EG = $\frac{1}{3}$ED, so ist AG ebenfals eine Schwerlinie und folglich der Durchschnittspunct K der verlangte Schwerpunct. Weil nun sowohl EI : EA als auch EG : ED gleich 1 : 3, so ist FG ⋕ AD; und daher △ ADK ∼ FKG; folglich

$$DK : KF = AD : FG$$ und

demnach auch

$$DK : KF = AE : FE$$ oder

$$DK : KF = 3 : 1$$

und hieraus folgt

$$DF : KF = 4 : 1.$$

Es ist also

$$FK = \frac{1}{4} DF.$$

2) Für die vielseitige und den Kegel.

Die Grundebene sei = a; die Höhe = h. Man zerlege a durch Diagonalen in lauter Dreiecke, lege durch jede dieser Diagonalen und durch die Spitze der Pyramide eine Ebene, und bestimme von jeder der entstehende dreiseitigen Pyramiden den Schwerpunct, so liegen diese Schwerpuncte in einer mit a parallelen

Ebene b deren Entfernung von a gleich $\frac{1}{4}h$ ist, und die Ebene b ist folglich eine Schwerebene der Pyramide. Sucht man nun noch den Schwerpunct von a und verbindet denselben mit der Spitze der Pyramide durch eine gerade Linie l, so ist l eine Schwerlinie, folglich der Durchschnittspunct von l mit b der verlangte Schwerpunct, und also seine Entfernung von a gleich $\frac{1}{4}h$.

§. 80.

Aufgabe. Die Entfernung x des Schwerpunctes einer abgekürzten Pyramide von der größeren Grundebene a zu bestimmen.

Auflösung. Die Höhe der abgekürzten Pyramide sei $= h$; die mit a parallele Begränzungsebene derselben $= b$; die Höhe der Ergänzungspyramide werde durch y ausgedrückt, so ist der Inhalt der ganzen Pyramide $= \frac{1}{3}a(h + y)$ der, der Ergänzungspyramide $= \frac{1}{3}by$ der, der abgekürzten

$$= \frac{1}{3}h(a + b + \sqrt{ab})$$ (s. §. 14. und 16.)

Ferner, wenn man sich h in horizontaler Lage denkt, und die Momente in Beziehung auf eine in a liegende horizontale Linie nimmt, der Hebelsarm der ganzen Pyramide $= \frac{1}{4}(h + y)$ der, der Ergänzungspyramide $= h + \frac{1}{4}y$ und der, der abgekürzten $= x$.

Setzt man nun die Gewichtseinheit $= p$, so ist also

$$p \cdot \frac{1}{3}a(h + y) \cdot \frac{1}{4}(h + y) - \frac{1}{3}by\left(h + \frac{1}{4}y\right) \cdot p - \frac{1}{3}h(a + b + \sqrt{ab}) \cdot p \cdot x = 0;$$ und hieraus

$$x = \frac{a(h + y)^2 - 4bhy - by^2}{4h(a + b + \sqrt{ab})}$$

oder

$$x = \frac{ah^2 + 2h(a - 2b)y + (a - b)y^2}{4h(a + b + \sqrt{ab})}.$$

Es ist aber nach §. 11.

$$(a - b)y^2 = (a - b)y \cdot y = (a - b)y \cdot \frac{h(b + \sqrt{ab})}{a - b}$$

$$= hy(b + \sqrt{ab});$$

folglich $2h(a - 2b)y + (a - b)y^2 =$

$$h[2a - 4b + b + \sqrt{ab}] \cdot y =$$

$$h[2a - 2b - b + \sqrt{ab}] \cdot y =$$

$$h[2(a - b) + \sqrt{b}(\sqrt{a} - \sqrt{b})]y =$$

$$h[2(\sqrt{a} + \sqrt{b}) + \sqrt{b}](\sqrt{a} - \sqrt{b}) \cdot y$$

oder, nach §. 11.

$$= h[2\sqrt{a} + 3\sqrt{b}](\sqrt{a} - \sqrt{b}) \cdot \frac{h\sqrt{b}}{\sqrt{a} - \sqrt{b}}$$

$$= h^2[3b + 2\sqrt{ab}]$$ dennoch

$$x = \frac{ah^2 + h^2(3b + 2\sqrt{ab})}{4h(a + b + \sqrt{ab})}$$

$$= \frac{h}{4} \cdot \frac{a + 3b + 2\sqrt{ab}}{a + b + \sqrt{ab}}.$$

§. 81.

Aufgabe. Den Schwerpunct einer schweren Calotte, oder auch einer Zone zu bestimmen.

Auflösung. Bezeichnet h die Höhe und denkt man sich h aus n gleichen Theilen bestehend, und durch jeden Theilpunct eine auf h normale Durchschnittsebene gelegt, so sind alle entstehende Zonchen nach §. 21. gleich groß, der Schwerpunct jeder liegt in der Mitte des zugehörigen Höhe und folglich ist auch die Mitte von h der verlangte Schwerpunct.

§. 82.

Aufgabe. Den Schwerpunct eines schweren Kugelausschnitts zu bestimmen.

Auflösung. Denkt man sich mit $\frac{3}{4}$ des Halbmessers r eine durch den Kugelausschnitt begränzte concentrische Calotte C beschrieben, so liegen in C die Schwerpuncte aller der Pyramidchen deren Summe den Kugelausschnitt bildet; der Schwerpunct von C ist also auch der Schwerpunct des Kugelausschnitts und ergiebt sich daher nach §. 81.

§. 83.

Aufgabe. Den Schwerpunct des Kugelabschnitts zu bestimmen.

Auflösung. Man ergänze denselben zum Kugelausschnitt und verfahre dann ganz so, wie in §. 75. 76 und 80.

§. 84.

Zusatz. Nach §. 82 oder auch 83 ergiebt sich die Entfernung des Schwerpunct einer Halbkugel vom Mittelpunct = $\frac{3}{8}$ des Halbmessers.

§. 85.

Aufgabe. Den Schwerpunct der körperlichen Zone zu bestimmen.

Auflösung. Man ergänze dieselbe zum Kugelabschnitt und verfahre dann wie im §. 83.

Zweites Capitel.

Vom materiellen Hebel und der Stabilität.

§. 86.

Erklär. Wenn Kräfte mit dem Bestreben, Drehung um irgend eine feste Achse hervorzubringen, auf einen schweren Körper wirken, so heißt derselbe ein materieller Hebel. Die Gleichuugen fürs Gleichgewicht werden aus demjenigen, der vier Capitel genommen, welches die Lage der Kräfte bestimmt, unter die thätigen Kräfte aber auch noch das Gewicht des Hebels, in seinem Schwerpunct vereint gedacht, aufgenommen. Zu der einfachsten Anwendung des Hebels gehören die Krämerwage und die Schnellwage. Das Moment des Widerstandes des Gewichts des Hebels selbst, in Beziehung auf die Achse genommen, um welche die auf ihn einwirkenden Kräfte, Drehung hervorzubringen streben, oder auch wirklich hervorbringen, gegen diese Drehung, heißt die Standfähigkeit oder Stabilität des Körpers, welcher als Hebel dient.

Vom materiellen Hebel.

§. 87.

Aufgabe. Ein prismetrischer Körper vom Gewicht W, in horizontaler Lage gedacht, ruht an beiden Enden auf Unterlagen und wird von mehreren Kräften angegriffen; man soll die Einwirkung auf die Unterlagen bestimmen.

Auflösung. 1) Für den Fall, wenn die Richtungslinien der einwirkenden Kräfte vertical sind.

Es sei ABCD Fig. 23. der verticale Durchschnitt des Prismens durch seinen Schwerpunct und also auch zugleich Mittelpunct der Länge, F genommen; nach der Richtung der angezeigten Linien wirken außer seinem Gewicht W noch auf ihn die lothrechten Kräfte P, Q, R, deren Richtungslinien die Linie AB in den gegebenen Puncten E, N, M schneiden; die Einwirkungen auf die Unterlagen A, B sollen x, y sein, so hat man nach dem ersten Capitel der Geostatik, die beiden Gleichungen:

1) $-x+P+W+Q+R-y=0$

2) Die Momente etwa in Beziehung auf die durch A normal gedachte Achse genommen:

$P.AE+W.AG+Q.AN+R.AM-y.AB=0$;

und aus beiden Gleichungen folgt:

$$y=\frac{P.AE+W.AG+Q.AN+R.AM}{AB}$$

$$x=\frac{P.BE+W.BG+Q.BN+R.BM}{AB}$$

2) Für den Fall, wenn sie nicht vertical sind; Fig. 24.

Hier erhält man nach dem dritten Capitel bei derselben Bezeichnung und den in der Figur angegebenen Buchstaben, die Würkung nach der Richtung BA, also, wenn Gleichgewicht erfolgen soll, die nach der Richtung AB noch anzubringende Gegenwirkung

$= P \cos\alpha + Q \cos\beta$. Ferner

$-x + P \sin\alpha + W + Q \sin\beta - y = o$ und

$AE . P \sin\alpha + AG . W + AN . Q \sin\beta - y . AB = o$; also

$$y = \frac{AE . P \sin\alpha + AG . W + AN . Q \sin\beta}{AB};$$

$$x = \frac{BE . P \sin\alpha + BG . W + BN . Q \sin\beta}{AB}.$$

§. 88.

Aufgabe. Die Unterlagen bei A und B Fig. 23. sind weggenommen, wo muß eine angebracht werden, damit keine Drehung erfolgt?

Auflösung. Setzt man die Entfernung von A bis zu der gesuchten Stelle $= x$, die Einwirkung auf die Unterlage $= y$; so hat man, die Momente auf A genommen, die Gleichungen:

1) $P + W + Q + R - y = o$

2) $P . AE + W . AG + Q . AN + R . AM - x . y = o$

und hieraus

$$y = P + W + Q + R$$

$$x = \frac{P . AE + W . AG + Q . AN + R . AM}{P + W + Q + R}.$$

§. 89.

Aufgabe. Die Länge $AB = x$ des in A unterstützten horizontalen prismatischen Hebels Fig. 25. von welchen jeder laufende Fuß p wiegt, der Bedingung gemäß zu bestimmen, daß die im Endpunct B angebrachte, vertical nach oben wirkende Kraft P mit der in der Entfernung a von der Unterlage, angebrachten, lothrecht nach unten, wirkenden Last Q und der Stabilität des Hebels, Gleichgewicht erhalte.

Auflösung. Das Gewicht des Hebels ist $= px$; sein Hebelsarm in Beziehung auf $A = \frac{1}{2}x$; folglich

$$Qa + px \cdot \frac{x}{2} - Px = 0 \text{ und hieraus}$$

$$x = \frac{P \pm \sqrt{P^2 - 2apQ}}{p}.$$

Die Auflösung giebt also nur dann ein mögliches Resultat, wenn P mindestens $= \sqrt{2apQ}$ ist.

Theorie der Krämerwage.

§. 90.

Aufgabe. Es sei AB Fig. 26. die centrische Linie des horizontalen Wagebalkens; durch den Mittelpunct C von AB gehe normal, die Drehungsachse; in A und B denke man sich Charniere mit deren hängenden Wageschalen. Es wird vorausgesetzt, daß die unbelastete Wage, in C unterstützt, im Gleichgewicht bleibe, und daß das Gleichgewicht auch dann noch bestehend bleibe, wenn die Wage gleichförmig belastet ist, d. h. wenn in beiden Wageschalen gleiche Gewichte liegen, so muß nothwendig der Schwerpunct der belasteten Wage in der Verticale DF durch C liegen. Er befinde sich in G und CG sei $= b$; $CA = CB = a$. Wird nun in eine der Wageschalen, etwa in die bei B noch ein Gewicht Q gelegt, so sinkt die Schale, der Schwerpunct G aller Kräfte außer Q, kommt links DF zu liegen, und es entsteht eine Gegenwirkung, so daß die

Senkung nur eine gewisse Größe erreichen kann. Diese, d. h. den Ausschlag zu bestimmen.

Auflösung. Der Winkel des Ausschlags sei $= x$; das gesammte in G als vereint anzusehende Gewicht, Q ausgeschlossen $= P$ und Fig. 27. stelle mit denselben Buchstaben, die Lage vor, in welcher nun das System im Gleichgewicht ist, so ergiebt sich sogleich die Bedingungsgleichung nach §. 48.

$$P \, . \, CG \operatorname{Sin} x = Q \, . \, CB \operatorname{Cos} x; \text{ oder,}$$

$$P \, . \, b \operatorname{Sin} x = Q \, . \, a \operatorname{Cos} x$$

und hieraus

$$\operatorname{tang} x = \frac{aQ}{bP}.$$

§. 91.

Zusatz. Aus der Gleichung $\operatorname{tang} x = \frac{aQ}{bP}$ folgt:

1) Die Wage ist desto empfindlicher, je größer a, Q und je kleiner b, P sind.

2) Die Vorrichtung dient nicht mehr zum Abwiegen von Lasten, wenn b gleich Null oder negativ ist, denn im ersten Fall, wird, für jedes Q, $x = 90°$; im 2) aber $x > 90°$, und es kann also in beiden Fällen kein Einspielen erfolgen. Der Schwerpunct G des ganzen Systems muß also unterhalb C und zwar so nahe als möglich bei C, aber nicht in C liegen.

§. 92.

Aufgabe. Eine unbelastete Krämerwage ist im Gleichgewicht, so daß also die Momente der Wageschalen und Arme des Wagebalkens gegenseitig gleich groß sind. Legt man nun in die eine Wageschale eine Last, deren Gewicht x bestimmt werden soll, in die andere, das fürs Gleichgewicht erforderliche bekannte Gegengewicht P und vertauscht dann beide Kräfte in den Wageschalen, so findet kein Gleichgewicht mehr statt, woraus erhellet, daß die Wage unrichtig ist. Man soll demohngeachtet durch diese falsche Wage x bestimmen.

Auflösung. Der nicht meßbare Hebelsarm von P sei = y der von x = z, so hat man

1) $P \cdot z = x \cdot z$

Legt man nun x in die Wageschale in welcher P lag, und in die, in welcher x sich befand, das zum Gleichgewicht erforderliche bekannte Gegengewicht Q, so hat man

2) $Q z = x \cdot y$

und das Product beider Gleichungen giebt

$PQ = x^2$; und folglich ist

$x = \sqrt{PQ}$.

Theorie der Schnellwage.

§. 93.

Aufgabe. Es sei AB Fig. 28. die dura, die Drehachse C gelegte Länge des horizontalen Wagebalkens; AC = a; CB = b; in A hänge die Wageschale, und ihr Gewicht, nebst dem des Wagebalkens sei = W; der Schwerpunct von W befinde sich in der Entfernung e von A. Wenn nun in die Wageschale eine Last Q gelegt wird, an welcher Stelle D muß ein bleibendes bekanntes Gegengewicht P aufgehängt werden, damit Gleichgewicht statt findet.

Auflösung. Es sei AD = x, so hat man, die

Momente etwa in Beziehung auf A genommen, die Gleichung:

$$(P + Q + W) \,.\, a - W \,.\, e - P \,.\, x = 0;$$

und hieraus

$$x = a + \frac{a - e}{P} W + a \frac{P}{Q}.$$

§. 94.

Zusatz. Legt man, anstatt Q nach der Reihefolge 2 Q, 3 Q u. s. w. in die Wageschale, und setzt die zugehörige Entfernung des Aufhängepuncts für dasselbe P, von A, gleich x'; x'', u. s. w. so hat man also

$$x = a + \frac{a - e}{P} W + a \,.\, \frac{Q}{P}$$

$$x' = a + \frac{a - e}{P} W + a \,.\, \frac{2Q}{P}$$

$$x'' = a + \frac{a - e}{P} W + a \,.\, \frac{3Q}{P}$$

u. s. w. folglich

$$x' - x = x'' - x' \text{ u. s. w.} = a \frac{Q}{P}$$

d. h. die Theile auf dem Wagebalken müssen alle einerlei Größe erhalten.

§. 95.

Zusatz. Sucht man daher, entweder aus der Gleichung §. 93. oder durch Versuche, den Werth von x welcher zu Q = 1 gehört, und bezeichnet den Endpunct von x mit f; sucht ferner denjenigen Werth für x, zunächst der Länge a + b, für welchen Q bei der gegebenenen Länge a + b die größt möglichste ganze Zahl R wird, und bezeichnet den Endpunct dieses x auf den Wagebalken mit g, so hat man nur nöthig die Länge fg in R — 1 gleiche Theile fn, nm, mp u. s. w. einzutheilen, dann 1 in f; 2 in n; 3 in m u. s. w. R in g einzuschreiben, so giebt die Zahl in welcher P fürs Gleichgewicht eingehangen werden muß, die jedesmalige Größe der in der Wagschale liegenden Last.

Von der Stabilität und der Bestimmung der Stärke der Widerlager.

§. 96.

Aufgabe. Ein rechtwinklichtes Parallelepipedum von den Abmessungen a, b und h steht mit der Ebene ab auf einer Horizontalebene, das Gewicht des Parallelepepedums sei $= Q$; man söll die Stabilität desselben in Beziehung auf die, in der Horizontalebene liegende Kante a als Achse, um welche Bestreben zu Drehung gedacht wird, bestimmen.

Auflösung. Betrachtet man a als Drehungsachse so ist der Hebelsarm von Q, wenn die schwere Materie im Parallelepipedum gleichförmig vertheilt ist, $= \frac{1}{2} b$; folglich die Stabilität $= \frac{1}{2} b \,.\, Q$; oder das Gewicht der Cubiceinheit $= p$ gesetzt, so daß also $Q = abhp$ ist, die Stabilität $= \frac{1}{2} ab^2hp$.

§. 97.

Aufgabe. Eine zu beiden Seiten lothrechte Mauer von der Breite a, Höhe h und Länge l Fig. 29, hat die erforderliche Stabilität um dem auf sie wirkenden Erddruck zu widerstehen. Man soll von demselben Material bei derselben Länge l und Höhe h die übriger Abmessungen einer auf der dem Druck entgegengesetzten Seite dossirten Mauer angeben, welche bei $\frac{5}{6}$ des Volumens dieselbe Stabilität hat.

Auflösung. Bezeichnet x die Breite der Mauer selbst, y die Ausladung, p das Gewicht der Kubiceinheit der Materie, so ist das Gewicht des Theils von der Breite x, $= hxlp$; der Hebelsarm desselben $= y + \frac{x}{2}$; das Gewicht des dossirten Theils $= \frac{1}{2} lhyp$, sein Hebelsarm nach §. 72. $= \frac{2}{3}y$, also die Stabilität der verlangten Mauer =

$$hxlp \cdot \left(y + \frac{x}{2}\right) + \frac{1}{2} hyp \cdot \frac{2}{3} y;$$ die, der gegebenen aber $= \frac{1}{2}a \cdot lahp$; und folglich die eine Bedingung

$$hlp \frac{2y + x}{2} x + \frac{1}{3} lhpy^2 = \frac{1}{2} a^2 lhp;$$ oder:

$$6xy + 3x^2 + 2y^2 = 3a^2$$

Die 2te das Volumen betreffende Bedingung ist

$$hxl + \frac{1}{2} hyl = \frac{5}{6} ahl$$ oder

$$6x + 3y = 5a;$$ und hieraus folgt

$$y = \frac{5a - 6x}{3}$$

Wird dieser Werth für y in die erste Gleichung substituirt, so entsteht

$$2x(5a - 6x) + 3x^2 + 2 \cdot \frac{(5a - 6x)^2}{9} = 3a^2$$

und hieraus

$$x^2 + \frac{10}{3} ax - \frac{23}{9} a^2 = 0;$$ folglich

$$x = \frac{-5 + \sqrt{48}}{3} a; \text{ und also}$$

$$y = \frac{15 - 2 \cdot \sqrt{48}}{3} \cdot a$$

oder beinahe $x = \frac{2}{3} a$; $y = \frac{1}{3} a$.

§. 98.

Aufgabe. Zwischen den beiden in AB und CD gleichmäßig (Fig. 30.) abgeschrägten, auf einer horizontalen Ebene stehenden zu beiden Seiten lothrechten, gleichhohen Mauern, vom lothrechten Querschnitt ABGFE und CDHNK ist das scheidrechte trapezförmige Gewölbe vom Querschnitt ABCD eingelassen. Die obere Breite AE = CK = x der Widerlager der Bedingung gemäß zu bestimmen, daß ihre Stabilität mit dem Bestreben des Körpers ABCD, dieselben um F und N zu drehen, im Gleichgewicht stehe.

Auflösung. Denkt man sich die Stabilität der Widerleger geringer als fürs Gleichgewicht erforderlich ist, so daß eine Drehung um F und N erfolgen würde, so sind B und D die einzigen Berührungsstellen zwischen Kraft und Widerstand. Zerlegt man daher das Gewicht Q von ABCD in normale Wirkungen p, p auf AB und CD, in B und D thätig; diese wieder, der Bequemlichkeit wegen, jede in eine horizontale P und eine verticale R, so ist auf der linken Seite (und eben so auch auf der rechten) in Beziehung auf die Umdrehungsachse durch F; der Hebelsarm von P gleich GB; der von R gleich FG. Wird demnach die Stabilität jedes Widerlagers in Beziehung auf eben diese Achsen = M gesetzt, so hat man auf einer Seite wie auf der andern, die Bedingungsgleichung:

$$P \cdot GB - R \cdot FG - M = 0.$$

Ist etwa BD = 100; AC = 120; der normale Abstand zwischen AC und BD = 24; BG = DH = 140; also EF = KN = 164; die Tiefe so wie die Materie für Gewölbe und Widerleger dieselbe, so hat man, beide Größen, jede = 1 gesetzt:

$$Q = \frac{100 + 120}{2} \cdot 24 = 220 \cdot 12$$

und weil AB = CD = 26 ist,

$Q : p = 2 \cdot 10 : 26$; §. 52

daher $p = 26 \cdot 11 \cdot 12$

Ferner $p : P = 26 : 24$

also $P = 24 \cdot 11 \cdot 12$

und $p : R = 26 : 10$

folglich $R = 110 \cdot 12$

dann $GB = 140$

$FG = x + 10$;

das Gewicht jedes Widerlagers

$$= 164 \cdot x + \frac{164 + 140}{2} \cdot 10$$

$$= 164 \cdot x + 304 \cdot 5$$

den zugehörigen Hebelsarm hinreichend genau

$= \frac{x + 10}{2}$; folglich

$$M = (82x + 760)(x + 10)$$

demnach wenn man diese Werthe substituirt

$$24 \cdot 11 \cdot 12 \cdot 140 - 110 \cdot 12 \cdot (x + 10)$$

$$— (82x + 760)(x + 10) = 0$$

und hieraus $x = 56,2$.

§. 99.

Aufgabe. Die fürs Gleichgewicht erforderliche Stärke der Widerlager bei einem halbkreisförmigen concentrischen Gewölbe zu bestimmen.

Auflösung. Es sei A der Mittelpunct; der Halbmesser $AD = AF = AE = r$; der $AB = AC = \varrho$; die Höhe $CG = BH$ der Widerlager $= h$; die erforderliche Stärke derselben $HI = GK = x$. Man nehme rechts und links des lothrechten Halbmessers AF die gleichen Winkel $FAL = FAN = a$, und betrachte das zum Winkel 2α gehörige Ringstück vom Querschnitt LMPN als den Körper, dessen Gewicht p die Umwerfung der Körper von den Querschnitten LMBHIQD, und NPCGKRE um die normal durch I und K zu denkenden Achsen, zu bewirken strebt. Zu dem Ende zerlege man p in zwei Wirkungen q, q auf LM und NP normal, in M und P angreifend, und jede von ihnen in eine horizontale Thätigkeit V und eine verticale W so ist der Hebelsarm der ersteren
$IS = h + \varrho \operatorname{Cos} \alpha$; der der letzteren
$IT = x + \varrho - \varrho \operatorname{Sin} \alpha$. Bezeichnet nun Z das Gewicht des Körpers vom Querschnitt DBML oder ECPN so ist der Hebelsarm von Z, nach §. 77, ($90 - \alpha$ für 2α gesetzt,) d. h.

$$IU = x + \varrho - \frac{120}{\pi} \cdot \frac{\operatorname{Cos} \alpha}{90 - \alpha} \cdot \frac{r^3 - \varrho^3}{r^2 - \varrho^2};$$

endlich, unter y das Gewicht des Widerlagers selbst

verstanden, der Hebelsarm desselben $= \frac{1}{2} x$. In Beziehung auf Bestreben zu Drehung um I (und auch K), welches aber nicht erfolgen soll, hat man also die Gleichung;

$$V . IS - W . IT - Z . IU - Y . \tfrac{1}{2}x = 0$$

und es ist, dieselbe Länge und dasselbe Material für Gewölbe und Widerlager angenommen

$$p = \frac{2\alpha}{360} . (r^2 - \varrho^2) \pi$$

folglich nach dem Parallelogram der Kräfte

$$q = \frac{p}{2 \operatorname{Sin} \alpha} = \frac{\alpha (r^2 - \varrho^2) \pi}{360 \operatorname{Sin} \alpha}$$

$$V = q \operatorname{Cos} \alpha = \frac{\alpha (r^2 - \varrho^2) \pi}{360} \operatorname{Cotg} \alpha$$

$$W = q \operatorname{Sin} \alpha = \frac{\alpha (r^2 - \varrho^2) \pi}{360}.$$

dann ist

$$Z = \frac{90 - \alpha}{360} (r^2 - \varrho^2) \pi ; \text{ und}$$

$$Y = hx.$$

Setzt man nun, der Kürze wegen $r^2 - \varrho^2 = b^2$; $r^3 - \varrho^3 = a^3$ und substituirt alle Werthe in die obige statische Gleichung, so entsteht, nach gehöriger Ordnung:

$$hx^2 + \tfrac{1}{2} b^2 \pi x + \tfrac{1}{2} b^2 \pi \varrho$$
$$= \tfrac{2}{3} a^3 \operatorname{Cos} \alpha + \frac{b^2 \pi \alpha}{180} (\varrho \operatorname{Cosec} \alpha + h \operatorname{Cotg} \alpha)$$

woraus, für jeden gewählten Werth für α, der zugehörige Werth für x bestimmt werden kann.

Die höhere Analysis zeigt aber, daß aus dieser Gleichung sich x desto größer ergiebt, je kleiner man

α wählt, d. h. daß dann die stärksten Widerlager fürs Gleichgewicht erforderlich sind, wenn eine Trennung in den Fugen beim Schlußstein erfolgt. Um also diejenige Stärke der Widerleger zu erhalten, welche für den nachtheiligsten Fall, noch Gleichgewicht erhalten, muß man α gleich Null setzen, und für $\alpha = 0$ ist, wie ebenfalls durch höhere Analysis gezeigt werden kann, der Werth, rechts des Gleichheitszeichens

$$= \frac{2}{3}a^3 + (\varrho + h)\, b^2.$$

Das größt nöthigste x liefert daher die Gleichung.

$$h x^2 + \frac{1}{2}b^2\pi x + \frac{1}{2}b^2\pi\varrho = \frac{2}{3}a^3 + b^2(\varrho + h)$$

Beispiel. Für $r = 12$; $\varrho = 10$; $h = 10$ erhält man $x = 5{,}45\ldots$

Drittes Capitel.

Von den Dachverbindungen.

§. 100.

Aufgabe. Der in A horizontal, in B vertical abgeschrägte, als prismatisch anzusehende Körper AB (Fig. 32.) hat das in der Mitte C zwischen A und B als vereint anzusehende Gewicht P, bildet mit dem Horizont den Winkel α, und ist in A auf einen horizontalen Widerstand N befestigt, in B gegen einen verticalen Widerstand M gelehnt, und wird so in seiner Lage erhalten. Man soll die aus P entspringenden horizontalen und verticalen Wirkungen auf diese Widerstandskörper bestimmen.

Auflösung. Die horizontale Wirkung auf M sei $= x$, die gegen die Befestigung in N $= y$; die lothrechte Wirkung auf N $= z$; so müssen, wenn man die Körper N und M wegnimmt, und dafür die gleichgroßen Gegenwirkungen x, y, z anbringt, die Kräfte P, x, y, z wie sie Fig. 33. darstellt, unter einander Gleichgewicht erhalten. Man hat daher, $AC = CB = a$ gesetzt, ganz wie im Beispiel §. 67. die 3) Gleichungen

1) $x - y = 0$

2) $z - P = 0$

3) $P \cdot a \operatorname{Cos} \alpha = x \cdot 2a \operatorname{Sin} \alpha$

und aus ihnen

$x = y = \frac{1}{2} P \operatorname{Cotg} \alpha$

$z = P.$

§. 101.

Aufgabe. Es wird der Körper N Fig. 32, weggenommen, und dafür, um das Gleichgewicht zu erhalten, ein als prismatisch anzusehender Körper AD vom Gewicht Q angebracht, wie Fig. 34. es anzeigt. Man soll bestimmen, unter welchen Winkel β gegen den Horizont derselben aufgestellt werden muß, und wie groß der horizontale Schub v gegen die in D angebrachte horizontale Unterlage F, und der verticale Druck w auf dieselbe ist.

Auflösung. Es müssen β, v, und w so groß sein, daß die in Fig. 35. angezeigten horizontalen und verticalen Wirkungen $\frac{1}{2} P \operatorname{Cotg} \alpha$, v, P, Q, w unter einander Gleichgewicht erhalten. Die Bedingungsgleichungen sind daher

1) $v - \frac{1}{2} P \,\text{Cotg}\,\alpha = 0$

2) $P + Q - w = 0$

3) $Q.DK.\text{Cos}\beta + P.DA\,\text{Cos}\beta - \frac{1}{2} P\,\text{Cotg}\,\alpha.DA\,\text{Sin}\beta = 0.$

und aus ihnen folgt, weil $DK = \frac{1}{2} DA$, gesetzt werden kann,

$$v = \frac{1}{2} P\,\text{Cotg}\,\alpha$$
$$w = P + Q$$
$$\text{Cotg}\beta = \frac{P\,\text{Cotg}\,\alpha}{Q + 2P}$$

§. 102.

Zusatz. Wird, statt F noch ein dritter prismatischer Körper vom Gewicht R, unter dem Winkel γ gegen den Horizont untergestellt, so erhält man eben so, fürs Gleichgewicht

$$\text{Cotg}\,\gamma = \frac{P\,\text{Cotg}\,\alpha}{R + 2(P + Q)}.$$

Für einen 4) vom Gewicht T, und den Winkel δ;

$$\text{Cotg}\,\delta = \frac{P\,\text{Cotg}\,\alpha}{T + 2(P + Q + R)} \text{ u. s. w.}$$

und aus diesen Formeln für $\text{Cotg}\beta$, $\text{Cotg}\gamma$ u. s. w. erhält man sogleich in Beziehung auf die Lage, die allgemeine Bedingungsgleichung

$$\text{tang}\,\alpha : \text{tang}\,\beta : \text{tang}\,\gamma \text{ u. s. w.} =$$
$$P : 2P + Q : 2(P + Q) + R \text{ u. s. w.}$$

und hieraus, wenn P, Q, R u. s. w. gleich groß sind

$$\text{tg}\,\alpha : \text{tg}\,\beta : \text{tg}\,\gamma \text{ u. s. w.} = 1 : 3 : 5 : 7 \text{ u. s. w.}$$

woraus eine leichte Construction abzuleiten ist.

§. 103.

Aufgabe. Ueber der Weite $AC = 2b$; Fig. 36. und Höhe $BD = b$ ein Mansardedach AEDGC anzugeben, bei welchem die Sparren AE, ED, DG, GC einerlei Längen und Gewichte haben, und so gestellt sind, daß sich dieselben ohne Kehlbalken, in ihrer Lage erhalten, d. h. daß sich die Tangenten der Winkel α, β gegen den Horizont wie 1 : 3 verhalten.

Auflös. Es sei $DN = x$; $EN = NG = y$; so hat man $\tang \alpha = \frac{x}{y}$ und $\tang \beta = \frac{b - x}{b - y}$; ferner $DE^2 = x^2 + y^2$; $EA^2 = (b - x)^2 + (b - y)^2$; daher die Bedingungsgleichungen

$$1)\ x^2 + y^2 = (b - x)^2 + (b - y)^2$$

$$2)\ \frac{x}{y} : \frac{b - x}{b - y} = 1 : 3$$

Aus der ersten folgt: $b = x + y$ und aus der zweiten $3bx = by + 2xy$.

und aus diesen beiden Gleichungen erhält man leicht

$$x = b \cdot \frac{-1 + \sqrt{3}}{2}$$

$$y = b \cdot \frac{3 - \sqrt{3}}{2}$$

dann auch $\tang \alpha = \frac{x}{y} = \frac{-1 + \sqrt{3}}{3 - \sqrt{3}} = \frac{1}{\sqrt{3}}$

und $\tang \beta = \frac{y}{x} = \sqrt{3}$.

Es ist aber $\sin 30^\circ = \frac{1}{2}$; $\cos 30^\circ = \frac{1}{2}\sqrt{3}$

also $\tang 30^\circ = \frac{\sin 30^\circ}{\cos 30^\circ} = \frac{1}{\sqrt{3}}$ und

$\tang 60^\circ = \frac{\cos 30^\circ}{\sin 30^\circ} = \sqrt{3}$ folglich

$\alpha = 30^\circ$; $\beta = 60^\circ$ und daher auch $\angle EDN = 60^\circ$.

Hieraus entspringt leicht folgende Construction: Man beschreibe Fig. 37. aus B mit BA = BD = BC den Halbkreis ADC, mache AF = FH = HD u. s. w. und ziehe DF so wie AH, so ist der Durchschnittspunct E der verlangte, und DEA die gesuchte Lage. Eben so ist es auf der andern Seite von BD.

§. 104.

Aufgabe. Der als prismetisch anzusehende Körper DE Fig. 38., befindet sich in einer Verticalebene, hat das Gewicht A, ist in E gegen die Verticalwand N gelehnt und steht mit dem Winkel α gegen den Horizont in D auf den in derselben Ebene befindlichen prismatischen Körper DF, welcher lothrecht steht, das Gewicht B hat, und in G mit dem in derselben Ebene befindlichen ebenfalls als prismatisch anzusehenden Körper GH von Gewicht C zu einem festen System verbunden ist. Wenn nun GH unter dem Winkel β gegen den Horizont geneigt ist, und beide Körper DF, GH auf der horizontalen Ebene HF, stehen, welche bei H einen dem horizontalen Schub widerstehenden Vorsprung bildet, so soll bestimmt werden, wie groß fürs Gleichgewicht dieser horizontale Schub x und die lothrechten Wirkungen y und z auf die horizontale Unterlage M; in H und F sind.

Auflösung. Denkt man sich die gleichgroßen Gegenwirkungen angebracht, so müssen x, y, z so groß sein, daß die in Fig. 39. angedeuteten Kräfte (§. 100. in Anwendung gebracht) unter einander Gleichgewicht erhalten. Dieß giebt, $DF = a$; $GH = b$ gesetzt die Gleichungen:

1) $A + B - z + C - y = 0$

2) $x - \frac{1}{2} A \operatorname{Cotg} \alpha = 0$

und die Momente in Beziehung auf H genommen

3) $C . \frac{1}{2} b \operatorname{Cos} \beta + (A + B - z) b \operatorname{Cos} \beta - \frac{1}{2} A \operatorname{Cotg} \alpha . a = 0$

und aus ihnen erhält man

$$x = \frac{1}{2} A \operatorname{Cotg} \alpha$$

$$y = \frac{1}{2} C - \frac{a A \operatorname{Cotg} \alpha}{2 b \operatorname{Cos} \beta}$$

$$z = A + B - \frac{1}{2} C + \frac{a A \operatorname{Cotg} \alpha}{2 b \operatorname{Cos} \beta}.$$

Viertes Capitel.

Von der gleitenden Reibung, der schiefen Ebene, der Schraube und dem Keil.

§. 105.

Erklärung. Wenn ein Körper mit irgend einer seiner Begränzungsebenen auf einer andern Ebene liegt, und auf sie mit einem normalen Druck Q preßt, so erzeugt sich durch das Ineinandergreifen der Erhöhungen und Vertiefungen beider Ebenen ein Widerstand gegen beabsichtigte Bewegung nach jeder Richtung, und dieser Widerstand heißt der Widerstand der gleitenden Reibung. Seine Größe ist abhängig von der Art der Materie beider Körper, vom Grad der Politur der sich berührenden Ebenen, auch von ihrer Größe, von der Schmiere, vorzüglich aber vom Normaldruck Q, und davon: ob Bewegung erst beginnen, oder ob schon bestehende fortgesetzt werden soll. Den Erfahrungen zufolge verhalten sich, wenn alle übrigen Einflüsse dieselben, und nur die Normalpressungen verschieden sind, die Reibungswiderstände wie die Normalpressungen. Sind erstere $= F; f;$ letztere $= Q, q$; so hat man also

$$F : f = Q : q$$

und hieraus, wenn $\frac{F}{q}$ durch einen Versuch bekannt, etwa $= \mu$ ist:

$$F = \mu \cdot Q$$

Folgende Tabellen enthalten einige Werthe für den Reibungscoefficienten μ.

I. Für beabsichtigte aber noch nicht bestehende Bewegung.

Reibende Körper.	trocken.	geschmiert.
Eichen auf Eichenholz	$\frac{3}{7}$	$\frac{1}{3}$
Kiefern auf Kiefern	[illegible]/12	
Ulmen auf Ulmen	$\frac{6}{13}$	
Eichen auf Kiefern	$\frac{2}{3}$	
Eisen auf Eisen	$\frac{2}{7}$	
Kupfer auf Eisen	$\frac{3}{17}$	$\frac{1}{7}$
Eisen auf Eichen	$\frac{1}{5}$	
Kupfer auf Eichen	$\frac{2}{11}$	
Messing auf Eisen	$\frac{4}{15}$	

II. Für schon bestehende Bewegung.

Reibende Körper.	trocken.	geschmiert.
Eichen auf Eichen	$\frac{1}{9}$	$\frac{1}{15}$
Kiefern auf Kiefern	$\frac{1}{6}$	
Ulmen auf Ulmen	$\frac{1}{10}$	
Eichen auf Kiefern	$\frac{3}{19}$	
Eisen auf Eisen	$\frac{2}{7}$	$\frac{1}{10}$
Kupfer auf Eisen	$\frac{1}{6}$	$\frac{1}{11}$
Eisen auf Eichen	$\frac{1}{7}$	$\frac{1}{15}$
Kupfer auf Eichen	$\frac{1}{12}$	$\frac{1}{18}$

Von der schiefen Ebene.

§. 106.

Aufgabe. Auf einer gegen den Horizont unter dem Winkel α geneigten Ebene, die den Horizont in einer Linie l schneidet, und deren auf l normalen, verticalen Durchschnitt, die Linie AB Fig. 40. darstellt, in welcher Figur AC horizontal, BC vertical zu denken ist, liegt ein Körper vom Gewicht Q. Man soll das Bestreben p des Körpers nach der Richtung BA herabzugleiten, und das diesem Bestreben entgegenwirkende Reibungshinderniß W bestimmen.

Auflösung. Durch Anwendung des Parallelogramms der Kräfte, entspringt aus Q ein Bestreben nach der Richtung BA welches $= Q \operatorname{Sin} \alpha$ und ein Normaldruck auf BA, welcher $= Q \operatorname{Cos} \alpha$ ist. Man hat daher

$$p = Q \operatorname{Sin} \alpha \text{ und}$$
$$W = \mu\, Q \operatorname{Cos} \alpha.$$

§. 107.

Zusatz. Für dasjenige α, für welches so eben die Bewegung beginnen will, ist

$Q \operatorname{Sin} \alpha = \mu Q \operatorname{Cos} \alpha$; und hieraus

$\mu = \operatorname{tang} \alpha$.

Durch Versuche mit der schiefen Ebene kann also, für Bestreben zu Bewegung bei allen Materien, μ gefunden werden.

§. 108.

Aufgabe. Der Körper vom Gewicht Q Fig. 40. wird durch eine Kraft P, deren Richtung mit der auf AB normalen Linie, den Winkel β bildet, gehalten. Wie groß muß P sein

1) um gerade nur das Abgleiten zu verhindern.

2) Um die Bewegung des Körpers nach der Richtung AB, wenn sie als schon statt findend angenommen wird, zu erhalten, oder was dasselbe sagt: um bei der geringsten Vergrößerung, das beginnen der Bewegung nach oben, hervorzubringen.

Auflösung. ad. 1) Der verlangte Werth für P sei = x.

Aus x entspringt ein Bestreben nach der Richtung AB $= x \operatorname{Sin} \beta$, und ein Normaldruck auf AB $= x \operatorname{Cos} \beta$. Der gesammte Normaldruck auf AB ist also

$= Q \operatorname{Cos} \alpha + x \operatorname{Cos} \beta$

und das daraus entspringende Reibungshinderniß $= \mu (Q \operatorname{Cos} \alpha + x \operatorname{Cos} \beta)$, so daß also das Bestreben längs BA herabzugeleiten

$= Q \operatorname{Sin} \alpha - \mu (Q \operatorname{Cos} \alpha + x \operatorname{Cos} \beta)$ ist.

Soll nun dieß heruntergleiten blos **nicht erfolgen**, so muß $x \operatorname{Sin}\beta = Q \operatorname{Sin}\alpha - \mu (Q \operatorname{Cos}\alpha + x \operatorname{Cos}\beta)$ sein, und aus dieser Gleichung folgt:

$$x = \frac{\operatorname{Sin}\alpha - \mu \operatorname{Cos}\alpha}{\operatorname{Sin}\beta + \mu \operatorname{Cos}\beta} Q$$

ad. 2) der verlangte Werth für P sei $= y$

Es muß hier das aus y entspringende Bestreben $y \operatorname{Sin}\beta$ nach der Richtung AB gerade so groß sein, als das ableitende Bestreben, und das Reibungshinderniß, dann wird wenn dieß y um ein Geringes vermehrt wird, Bewegung nach oben erfolgen. Man hat also die Gleichung

$$y \operatorname{Sin}\beta = Q \operatorname{Sin}\alpha + \mu (Q \operatorname{Cos}\alpha + y \operatorname{Cos}\beta)$$

und aus **ihr**:

$$y = \frac{\operatorname{Sin}\alpha + \mu \operatorname{Cos}\alpha}{\operatorname{Sin}\beta - \mu \operatorname{Cos}\beta} . Q$$

§. 109.

Zusatz. Wird $AB = a$; $BC = h$; $AC = b$ gesetzt, so ist, $\beta = 90°$ angenommen, also die Kraft P parallel mit AB thätig gedacht:

$$x = (\operatorname{Sin}\alpha - \mu \operatorname{Cos}\alpha) Q$$

$$y = (\operatorname{Sin}\alpha + \mu \operatorname{Cos}\alpha) Q$$

oder

$$x = \frac{h - \mu b}{a} . Q.$$

$$y = \frac{h + \mu b}{a} . Q$$

und, wenn keine Reibung statt fände, also $\mu = 0$ wäre

$$x = y = \frac{h}{a} . Q$$

welche Formel auch unmittelbar aus dem cartesischen Grundsatz §. 68. abzuleiten ist.

§. 110.

Zusatz. Ist $\beta = 90 - \alpha$, d. h. ist die Richtung von P horizontal, so folgt

$$x = \frac{\operatorname{Sin}\alpha - \mu \operatorname{Cos}\alpha}{\operatorname{Cos}\alpha + \mu \operatorname{Sin}\alpha} Q \text{ und}$$

$$y = \frac{\operatorname{Sin}\alpha + \mu \operatorname{Cos}\alpha}{\operatorname{Cos}\alpha - \mu \operatorname{Sin}\alpha} Q; \text{ oder}$$

$$x = \frac{h - \mu b}{b + \mu h} Q \text{ und}$$

$$y = \frac{h + \mu b}{b - \mu h} Q$$

und wenn, $\mu = 0$ gesetzt wird

$$x = y = \frac{h}{b} Q$$

welche Formel auch unmittelbar aus §. 68. folgt.

Von der Schraube.

§. 111.

Aufgabe. An dem lothrechten Cylinder AB (der Spindel) Fig. 41. dessen Gewicht inclus. der angehängten Last $= Q'$ ist, befinden sich in seiner Peripherie Schraubengänge, welche mit dem Horizont den Winkel α bilden. Der mittlere Halbmesser der Spindel sei $= r$, die Höhe eines Schraubengangs, (nach Fig. 42. zu verstehen) $= h$; an einem in die Spindel horizontal eingelassenen Hebel wirkt in der Entfernung R von der Achse der Spindel horizontal und tangential in der Peripherie $2 R \pi$, eine Kraft $= P$, die Spindel ist in der horizontalen Schraubenmutter NM beweglich. Wie groß muß P sein, um bei der geringsten Vergrößerung dieses P eine Erhebung der Last Q zu bewirken, oder: um diese Bewegung, wenn sie schon statt fände, zu erhalten.

Auflösung. Aus Q entspringt eine Normalpressung auf die schiefe Ebene der Schraubenmutter $= Q \operatorname{Cos} \alpha$; aus P aber die $= P \operatorname{Sin} \alpha$, so daß also der Reibungswiderstand

$$= \mu\,(Q \operatorname{Cos} \alpha + P \operatorname{Sin} \alpha) \text{ ist.}$$

Da nun das aus Q entspringende abgleitende Bestreben auf der erwähnten schiefen Ebene $= Q \operatorname{Sin} \alpha$ ist, so müßte also: wenn eine, in der mittleren Peripherie der Spindel angebrachte horizontal und tangential wirkende Kraft x das verlangte Gleichgewicht erhalten sollte:

$$x \operatorname{Cos} \alpha = Q \operatorname{Sin} \alpha + \mu\,(Q \operatorname{Cos} \alpha + P \operatorname{Sin} \alpha)$$

sein. So groß sich hieraus x ergiebt, so groß ist der horizontal und tangential wirkende Widerstand in der mittleren Peripherie der Spindel, und es muß also P so groß sein wie die Gleichung $PR = xr$ es erfordert. Setzt man die aus beiden Gleichungen für x sich ergebenden Werthe einander gleich so entsteht

$$Q \operatorname{tg} \alpha + \mu\,[Q + P \operatorname{tg} \alpha] = \frac{PR}{r}$$

und hieraus, da $\operatorname{tg} \alpha = \frac{h}{2 r \pi}$ ist,

$$P = \frac{h + \mu \,.\, 2 r \pi}{2 R \pi - \mu h} \,.\, Q$$

§. 112.

Zusatz. Gewöhnlich ist μh gegen $2 R \pi$ höchst unbedeutend, und für solche Fälle hat man also

$$P = \left[\frac{h}{2 R \pi} + \mu \frac{r}{R}\right] Q$$

Ohne Rücksicht auf Reibung hat man, $\mu = 0$ gesetzt

$$P = \frac{h}{2 R \pi} Q;$$

wie auch aus dem Cartesischen Grundsatz folgt.

Ist z. B. $r = 4''$; $h = 1''$; $\mu = \frac{7}{22}$; $R = 112''$; $Q = 2816$ Pfund, so erhält man, ohne Rücksicht auf Reibung $P = 4$ Pfund; mit Rücksicht auf Reibung aber $P = 36$ Pfund

Vom Keil.

§. 113.

Aufgabe. Ein dreiseitiges normales als gewichtlos anzusehendes Prismen (ein Keil), dessen mit den Grundebenen parallelen und zugleich verticalen Querschnitt ABC Fig. 43. vorstellt, dergestalt daß AB (der Rücken des Keils) horizontal, die Mittellinie CD aber, welche mit den Seiten des Keils AC, BC die Winkel α bildet, vertical ist, wird in D nach lothrechter Richtung von der Gewalt 2P angegriffen. An den Seiten AC, BC aber wirken unter den gleichen Winkeln β, β Widerstände Q; Q; welche die festen, (als gewichtlos angesehene) Körper N, M in den Puncten n und m gegen den Keil pressen. Wie groß muß die Kraft 2P fürs Gleichgewicht sein, d. h. wie groß muß 2P sein, damit die geringste Vermehrung dieses 2 P, eine Bewegung des Keils nach unten, also ein Zurücktreten der Körper M, N zur folge hat.

Auflösung. Denkt man sich den Keil, dem Bestreben von 2 P gemäß um den Weg v fortbewegt, und nun in der Lage A′ B′ C′, so daß also AA′ = DD′ = BB′ = CC′ = v ist, so werden die Widerstandspuncte n, m, dann sich in n′; m′ befinden, und folglich: wenn 2 P den Raum v durchlaufen haben würde, dann jedes Q um den Weg n n′ = m m′ zurückgedrängt sein.

Nun wirkt aber auch noch, auf jeder Seite aus dem Normaldruck $Q \operatorname{Sin} \beta$, ein Reibungswiderstand $\mu Q \operatorname{Sin} \beta$ und dieser, welcher anfänglich in der Entfernung m B von B sich äußerte, würde zuletzt nur in der Entfernung m′ B′ von den jetzt in B′ sich befindenden Punct B thätig sein, hätte also seinem widerstehenden Bestreben entgegengesetzt, den Weg m B — m′ B′ zurückgelegt. Nach dem Prinzip der virtuellen Geschwindigkeit entsteht daher die Gleichung:

$$2 P . v - 2 Q . m m' - 2 \mu Q \operatorname{Sin} \beta \, (m B - m' B') = 0.$$

Es verhält sich aber

$$B B' : m m' = \operatorname{Sin} \beta : \operatorname{Sin} \alpha$$

und $B B' : m B - m' B' = \operatorname{Sin} \beta : \operatorname{Sin} (\alpha + \beta)$, und aus beiden Proportionen folgt

$$m m' = \frac{v \operatorname{Sin} \alpha}{\operatorname{Sin} \beta};$$

$$m B - m' B' = \frac{v \operatorname{Sin} (\alpha + \beta)}{\operatorname{Sin} \beta}.$$

Setzt man diese Werthe in die dargestellte Gleichung, so hat man

$$2 P v - Q . \frac{v \operatorname{Sin} \alpha}{\operatorname{Sin} \beta} - 2 \mu Q \operatorname{Sin} \beta \frac{v \operatorname{Sin} (\alpha + \beta)}{\operatorname{Sin} \beta} = 0$$

und hieraus

$$P = Q \left[\frac{\text{Sin}\,\alpha}{\text{Sin}\,\beta} + \mu\ \text{Sin}\ (\alpha + \beta)\right]$$

§. 114.

Zusatz. Ist $\beta = 90°$; d. h. wirken die Widerstände normel auf die Seiten des Keils, so entsteht

$$P = Q\ (\text{Sin}\,\alpha + \mu\ \text{Cos}\,\alpha)$$

und, wenn keine Reibung wäre,

$$P = Q\ \text{Sin}\,\alpha,$$ d. h.

$$P : Q = \text{Sin}\,\alpha : 1$$ oder

$$P : Q = BD : BC.$$

Ist $\beta = 90 - \alpha$; d. h. wirken die Widerstände horizontal, so ist

$$P = Q\,.\,(\text{tg}\,\alpha + \mu)$$

und, wenn keine Reibung wäre

$$P = Q\ \text{tg}\,\alpha;$$ d. h.

$$P : Q = \text{tg}\,\alpha : 1$$ oder

$$P : Q = BD : DC.$$

Fünftes Capitel.

Von der Zapfen-Reibung, dem Widerstand, welcher aus der Streifigkeit der Seile entspringt, und dem Räderwerk.

---

§. 115.

Wenn ein Cylinder vom Halbmesser r auf eine cylindrische Höhlung, oder auch auf eine Ebene, normal, mit der Gewalt P gedrückt wird, und es soll dieser

Cylinder nun um seine Achse 'gedreht werden, so widersetzt sich dieser Drehung, die aus dem Normaldruck P entspringende Reibung μ P und dieser Widerstand, dessen Hebelsarm r, dessen Moment also rμP ist, heißt die Zapfenreibung. In sofern nun bei der gleitenden Reibung, die in einander greifenden Erhöhungen und Vertiefungen abgestoßen, bei der Zapfenreibung aber mehr aus einander gehoben werden, so ist bei der Zapfenreibung, μ kleiner als bei der gleitenden. Man kann für Bestreben zu noch nicht stattfindender drehender Bewegung, im Mittel $\mu = \frac{1}{7}$; bei schon statt findender Bewegung aber, $\mu = \frac{1}{8}$ setzen.

§. 116.

Aufgabe. Eine Kreisebene vom Halbmesser r (etwa die Grundebene eines Wellzapfens) wird normal, mit der Gewalt P auf eine andere Ebene gepreßt. Wenn nun diese Kreisebene um ihre Achse gedreht werden soll, wie groß ist dann das Widerstandsmoment der Reibung μP?

Auflösung. Denkt man sich die Kreisebene $r^2\pi$ durch Halbmesser in eine unendliche Menge, unendlich kleiner, als Dreieckchen zu betrachtende Kreisausschnittchen getheilt, so liegt, in Beziehung auf jedes solche Ausschnittchen, der Mittelpunct aller Wirkungen auf $\frac{2}{3}$r vom Mittelpunct der Kreisebene entfernt, und man kann sich daher den gesammten Widerstand μP in der mit $\frac{2}{3}$r beschriebenen Peripherie vereint denken. Aus dieser Ansicht ergiebt sich der Hebelsarm $= \frac{2}{3}r$, also das Widerstandsmoment der Reibung $= \frac{2}{3}r \cdot \mu P$.

§. 117.

Aufgabe. Wen um einen, um seine Achse beweglichen Cylinder, (Welle) ein Seil vom Durchmesser δ befestigt, und im normalen Querschnitt des Cylinders tangential, auf der einen Seite von einer Gewalt Q angespannt ist, so muß, wenn dieser Cylinder, dem Bestreben von Q entgegengesetzt gedreht wird, das Seil, woran Q wirkt, sich aufwickeln, und es wird dasselbe vermöge seiner Streifheit, am Cylinder, wo es aus der geradlinigten Richtung sich in die Peripherie begeben muß, ein Knie bilden, wodurch der Hebelsarm von Q vergrößert wird; man soll diesen Hebelsarm bestimmen.

Auflösung. Der Halbmesser des Cylinders, von seiner Achse bis in die centrische Linie des anliegenden Seils gemessen, sei $= r$; die Vergrößerung des Hebelsarms wegen des entstehenden Knies $= x$, also der Hebelsarm von $Q = r + x$; so wird x desto größer sein, je mehr Fäden das Seil zählt, d. h. je größer sein Querschnitt ist. Gehören nun δ' und x' eben so zusammen, wie δ und x, so hat man

$$x : x' = \tfrac{1}{4}\delta^2 \pi : \tfrac{1}{4}\delta'^2 . \pi$$

und hieraus ist

$$x = \frac{x}{\delta'^2} . \delta^2,$$

Versteht man alle Längen in Zollen, so ist nach Versuchen $\frac{x'}{\delta'^2}$ im Mittel $= \frac{1}{2}$ zu setzen, so daß also

$$x = \tfrac{1}{2}\delta^2$$

folglich der Hebelsarm von Q,

$$= r + \frac{1}{2}\delta^2$$

also das Moment von Q, $= (r + \frac{1}{2}\delta^2) \cdot Q$ angenommen werden kann.

Anmerk. Wirkt Q nicht an einem Seil, sondern an einer Kette und bezeichnet d die Dicke der Kettenschacken, so kann man im Mittel den Hebelsarm $= r + \frac{1}{7} d$ setzen.

§. 118.

Aufgabe. Eine horizontal liegende Welle vom Halbmesser r ruht mit ihren beiden Zapfen vom Halbmesser ϱ auf Zapfenlagern; an der Welle ist normal auf ihre Achse ein Rad vom Halbmesser R angebracht, wie es Fig. 44. im Durchschnitt, normal auf die Achse darstellt. Das Gewicht der Zapfen, Welle und des Rades sei $= W$; wenn nun an der Peripherie der Welle irgendwo tangential ein Widerstand Q; an der Peripherie des Rades aber irgendwo, tangential entgegen eine Kraft P wirkt, und beide Richtungslinien mit der durch die Achse gelegten im normalen Querschnitt befindlichen, Horizontallinie ab die Winkel α und β bilden, wie groß muß dann P sein, um bei der geringsten Vergrößerung, eine Drehung um die Achse, seinem Bestreben gemäß, hervorzubringen?

Auflösung. Aus P und Q entspringt die horizontale Wirkung $P \operatorname{Cos} \beta + Q \operatorname{Cos} \alpha$ und die verticale $P \operatorname{Sin} \beta + Q \operatorname{Sin} \alpha$; addirt man zu letzterer noch W, so entspringt die Pressung der Zapfen auf ihre Zapfenlager aus der lothrechten Thätigkeit

$$P \operatorname{Sin} \beta + Q \operatorname{Sin} \alpha + W$$

und aus der horizontalen

$$P \operatorname{Cos}\beta + Q \operatorname{Cos}\alpha;$$

der mittlere Normaldruck ist also

$$= \sqrt{(P \operatorname{Sin}\beta + Q \operatorname{Sin}\alpha + W)^2 + (P \operatorname{Cos}\beta + Q \operatorname{Cos}\alpha)^2}$$

welcher D heißen soll.

Aus D entsteht eine Reibung $= \mu D$ am Hebelsarm ϱ. und man hat daher die Gleichung

$$PR = Qr + \varrho \cdot \mu D$$

oder: wenn Q an einem Seil vom Durchmesser δ wirkt, alle Längen in Zollen verstanden

$$PR = Q (r + \tfrac{1}{2}\delta^2) + \varrho \mu D;$$

aus welcher Gleichung P entwickelt werden kann.

§. 119.

Zusatz. Die Entwicklung von P führt auf eine unbequeme unreine quadratische Gleichung, und um diese zu vermeiden, kann man häufig die horizontale, Reibung erzeugende Wirkung $P \operatorname{Cos}\beta + Q \operatorname{Cos}\alpha$ außer Betracht lassen. Dann hat man blos die Gleichung:

$$PR = Q (r + \tfrac{1}{2}\delta^2) + \varrho\mu (P \operatorname{Sin}\beta + Q \operatorname{Sin}\alpha + W)$$

und hieraus

$$P = \frac{(r + \tfrac{1}{2}\delta^2 + \varrho\mu \operatorname{Sin}\alpha) Q + \varrho\mu W)}{R - \varrho\mu \operatorname{Sin}\beta}$$

§. 120.

Zusatz. Ist $\alpha = 90^\circ$ und $\beta = 90^\circ$, so findet keine horizontale Wirkung statt, und es ist vollkommen.

$$P = \frac{(r + \tfrac{1}{2}\delta^2 + \varrho\mu) Q + \varrho\mu W}{R - \varrho\mu}$$

§. 121.

Beispiel. In einem Laufrad, dessen Halbmesser = 16 Fuß ist, wirkt unter einem Winkel von 20 Grad gegen den Horizont (Fig. 45.) ein Gewicht von 600 Pfd.; das Gewicht der Welle mit den Zapfen und des Rades sei = 3000 Pfund; die Halbmesser der Zapfen = 2″; wenn nun an der Peripherie der Welle von 18″ Halbmesser, an einem Seil von 1 Zoll Durchmesser eine Last Q lothrecht herab, dem Bestreben des Gewichts von 600 Pfund entgegen, wirkt; wie groß darf dann Q seyn, damit die 600 Pfund mit Q und der Reibung im Gleichgewicht sind, so daß die geringste Vergrößerung des Moments der 600 Pfund eine Erhebung von Q zur Folge haben muß?

Es entspringt die Reibung in den Zapfenlagern aus dem lothrechten Druck

$$600 + 3000 + Q \text{ oder } 3600 + Q;$$

folglich ist, $\mu = \frac{1}{7}$ gesetzt, der Reibungswiderstand $= \frac{1}{7}(3600 + Q)$ und seyn Moment in Beziehung auf die Drehachse.

$$= 2 \cdot \frac{1}{7}(3600 + Q);$$

ferner ist: das Moment des Widerstandes Q =

$$(18 + \tfrac{1}{2} \cdot 1^2) \cdot Q;$$ und das der Kraft

$$= 600 \cdot ab = 600 \cdot 12 \cdot 16 \cdot \text{Sin } 20^\circ = 39400.$$

Man hat also die Gleichung

$$39400 = 18{,}5\, Q + \tfrac{2}{7}(3600 + Q)$$

und hieraus Q = 2042 Pfund

Anmerk. Wird nun, nachdem die 2042 Pfund angehängt sind, das lebende Geschöpf, dessen Gewicht 600 Pfund ist, im ersten Augenblick nur um einen Schritt höher getrieben, so wird das Kraftmoment größer als es das Gleichgewicht erfordert, es erfolgt also Bewegung und somit Erhebung der Last, und hat diese Bewegung begonnen, so tritt dann, wenn auch das Geschöpf in dem anfänglichen Punkt zurücktritt, ein Gleichgewicht der Kräfte, während der Bewegung, also ein Beharrungsstand ein.

§. 122.

Aufgabe. Für mehrere in einander greifende Räder, die Gleichungen zwischen Kraft P, und Last Q, fürs Gleichgewicht darzustellen. Fig. 46.

Auflösung. Ist für I; R der Halbmesser des Stirnrades; r der der Welle; ϱ der der Zapfen, W das Gewicht von Rad, Welle und Zapfen; δ der Durchmesser des Seils woran Q hängt, x die Kraft, welche fürs Gleichgewicht den Kamm des Stirnrades ergreifen muß, so hat man

$$xR = Q\,(r + \tfrac{1}{2}\,\delta^2) + \varrho \,.\, \mu \,.\, (Q + W + x)$$

woraus sich x ergiebt.

Wird nun die Reibung zwischen Kamm und Triebstock im Mittel $\frac{1}{15}$ des Drucks gesetzt, so hat man die im Triebstock von II. erforderliche, hervorzubringende Thätigkeit $y = x + \frac{1}{15}x$.

Wenn nun in Beziehung auf II; R'; r'; ϱ'; w'; x'; y'; dieselbe Bedeutung haben, wie R, r, ϱ, w, x, y, in Beziehung auf I., so hat man

$$x' . R' = y . r' + \varrho' \mu \,(\pm W' \mp x' \mp x)$$

je nachdem $W' > x' + x$ oder $x' + x > W'$ ist; und aus dieser Gleichung kann man x' bestimmen. Ist x' gefunden, so hat man dann

$$y' = x' + \tfrac{1}{15}\,x'.$$

Haben nun in Beziehung auf III.; R''; r''; ϱ''; W'' die vorige Bedeutung, so ist endlich

$$PR'' = y' \cdot r'' + \varrho'' \mu (P + x' + W'')$$

woraus P zu bestimmen ist.

Sechstes Capitel.

Von der festen und losen Rolle, den Rollen und den Flaschenzügen.

---

§. 123.

Aufgabe. Eine materielle Kreisscheibe, welche keine andere als drehende Bewegung um ihre horizontale Achse vornehmen kann, d. h. eine feste Rolle, wird vermittelst eines umgelegten Seils, von einer Kraft P und Last Q tangential ergriffen. Wie groß muß P sein, um mit Q, der Steifheit des Seils, und der Reibung Gleichgewicht zu erhalten?

Auflösung. Bezeichnet r die Entfernung von der Achse bis zur centrischen Linie des Seils; ϱ den Halbmesser der Zapfen, δ den Durchmesser des Seils, W das Gewicht der Rolle nebst Zapfen, α, β die Winkel, welche die Richtungen von Q und P mit der horizontalen Linie bilden (Fig. 47.) so ist ganz nach §. 119; r, ϱ und δ in Zollen verstanden,

$$Pr = Q (r + \tfrac{1}{2}\delta^2) + \varrho\mu(P \operatorname{Sin}\beta + Q \operatorname{Sin}\alpha + W)$$

woraus sich P ergiebt.

§. 124.

Zusatz. In den gewöhnlichen Fällen der Anwendung ist $\alpha = 90°$; $\beta = 90°$ und W unbedeutend. Für solche Fälle hat man daher

$$Pr = Q(r + \tfrac{1}{2}\delta^2) + \varrho\mu\ (P + Q);\ \text{und hieraus}$$

$$P = \frac{r + \frac{1}{2}\delta^2 + \varrho\mu}{r - \varrho\mu}\ Q$$

oder $\frac{r + \frac{1}{2}\delta^2 + \mu\varrho}{r - \mu\varrho}$ durch a ausgedrückt,

$$P = a . Q$$

§. 125.

Aufgabe. Zu einer Verticalebene Fig. 48. befindet sich eine materielle Kreisscheibe, an deren horizontalen Achse, um die Zapfen, vermittelst einer Hülse, eine Last Q lothrecht herabhängt. Wenn nun, um diese Kreisscheibe, welche sowohl fortgehende als drehende Bewegung um ihre Achse annehmen kann, also eine lose Rolle bildet, in derselben Verticalebene ein Seil vom Durchmesser δ gelegt ist, welches an der einen Seite unter dem Winkel α mit der Horizontale aufgehangen wird, wie groß muß dann die Spannkraft S dieses befestigten Seilstücks, die Kraft P am andern Seilende, und der Winkel β ihrer Richtung mit dem Horizont sein, damit die geringste Vergrößerung von P eine drehende und zugleich erhebende Bewegung hervorbringt?

Auflösung. Bezeichnet r den Halbmesser der Rolle bis zur centrischen Linie des umliegenden Seils; ϱ den der Zapfen; W das Gewicht der Rolle und des

Seils, so ist, in Beziehung auf die Achse, das Widerstandsmoment der Reibung $= \varrho \mu\ Q$, folglich nach dem dritten Kapitel des Systems der Statik

$$1)\ P\,\mathrm{Sin}\,\beta + S\,.\,\mathrm{Sin}\,\alpha = Q + W$$

$$2)\ P\,\mathrm{Cos}\,\beta + S\,.\,\mathrm{Cos}\,\alpha = 0$$

$$3)\ P r = S\,.\,(r + \tfrac{1}{2}\delta^2) + \varrho\,.\,\mu\,Q$$

aus welchen 3 Gleichungen, P, S und β zu bestimmen sind.

§. 126.

Zusatz. In den gewöhnlichen Fällen der Anwendung ist $\alpha = 90^\circ$; W aber unbedeutend, also außer Betracht zu lassen. Für solche Fälle hat man daher

$$1)\ P\,\mathrm{Sin}\,\beta + S = Q$$

$$2)\ P\,\mathrm{Cos}\,\beta = 0$$

$$3)\ P r = S\,.\,(r + \tfrac{1}{2}\delta^2) + \varrho\,\mu\,Q$$

und hieraus

$$\beta = 90^\circ;$$

$$P = \frac{r + \frac{1}{2}\delta^2 + \mu\varrho}{2r + \frac{1}{2}\delta^2}\,.\,Q$$

$$S = \frac{r - \mu\varrho}{2r + \frac{1}{2}\delta^2}\,.\,Q$$

oder, $\frac{r + \frac{1}{2}\delta^2 + \mu\varrho}{2r + \frac{1}{2}\delta^2}$ durch b

und $\frac{r - \mu\varrho}{2r + \frac{1}{2}\delta^2}$ durch c ausgedrückt,

$$P = b\,.\,Q$$

$$S = c\,.\,Q.$$

§. 127.

Aufgabe. Es bilden n lose und eine feste Rolle einen Rollenzug, wie ihn Fig. 49. andeutet. Es soll die

die erforderliche Kraft P fürs Gleichgewicht mit der Last Q und den Nebenhindernissen bestimmt werden.

Auflösung. Nach §. 126. hat man die erforderliche Kraft in f

$$= b \cdot Q;$$

die in $g = b \cdot b Q = b^2 Q$

die in $h = b \cdot b^2 Q = b^3 Q$

u. s. w.

endlich die in $t = b^n Q$

ferner nach §. 124.

$$P = a b^n Q.$$

Beispiel. Es sei $r = 4''$, $\varrho = \frac{2}{3}''$, $\mu = \frac{1}{7}$, $\delta = \frac{3}{4}''$, $n = 4$, $Q = 1600$ Pfund so hat man

$$b = \frac{4 + \frac{1}{2} \cdot \frac{9}{16} + \frac{1}{7} \cdot \frac{2}{3}}{8 + \frac{1}{2} \cdot \frac{9}{16}} = \frac{2941}{5565}.$$

$$a = \frac{4 + \frac{1}{2} \cdot \frac{9}{16} + \frac{1}{7} \cdot \frac{2}{3}}{4 - \frac{1}{7} \cdot \frac{2}{3}} = \frac{2941}{2624}$$

und also

$$P = \frac{2941}{2624} \cdot \left(\frac{2941}{5565}\right)^4 \cdot 1600$$

$$= 140 \text{ Pfund.}$$

Ohne Rücksicht auf Nebenhindernisse ist $b = \frac{1}{2}$, $a = 1$, also

$$P = (\tfrac{1}{2})^4 \cdot 1600 = 100 \text{ Pfund.}$$

§. 128.

Aufgabe. Es bilden n lose und n feste Rollen einen Flaschenzug, wie Fig. 50. einen darstellt. Die Gleichung zwischen der Kraft P und der Last Q fürs Gleichgewicht mit Q und den Nebenhindernissen herzuleiten.

Auflösung. Bezeichnen f, p, h, k, m die den

Anspannungen der Seile, gleichen Kräfte, wie sie in der Figur angezeigt sind, so hat man nach §. 124. und §. 126, wenn w, p, q die aus Q entspringenden Pressungen auf die Bolzen der beweglichen Flasche ausdrücken:

1) $f = b \cdot w$

2) $g = a \cdot f$

3) $g = c \cdot p$

4) $h = b \cdot p$

5) $k = a \cdot h$

6) $k = c \cdot q$

7) $m = b \cdot q$

8) $P = a \cdot m$

9) $w + p + q = Q$

Aus 1) 2) 3 erhält man

$$a\,b\,w = c\,p$$

Aus 4) 5) 6 aber

$a\,b\,p = c\,q$ und

aus 7) und 8)

$$P = a\,b\,q.$$

Aus diesen 3 Gleichungen

$$P = a\,b\,q$$
$$a\,d\,p = c\,q$$
$$a\,b\,w = c\,p$$

ergiebt sich aber

$$q = \frac{P}{a\,b}$$

$$p = \frac{c\,P}{a^2\,b^2}$$

$$w = \frac{c^2\,P}{a^3\,b^3}$$

oder $\frac{c}{ab} = e$ gesetzt

$$q = \frac{P}{ab} \cdot 1$$

$$p = \frac{P}{ab} \cdot e$$

$$w = \frac{P}{ab} \cdot e^2$$

also: wenn man sich n Rollen in jeder Flasche vorstellt, und die Werthe für q, p, w ꝛc. in 9) setzt:

$$\frac{P}{ab}[1 + e + e^2 + \ldots + e^{n-1}] = Q$$

oder, weil $1 + e + e^2 + \ldots + e^{n-1}$

$= \frac{e^n - 1}{e - 1}$ ist;

$\frac{P}{ab} \cdot \frac{e^n - 1}{e - 1} = Q$; und hieraus

$$P = \frac{ab\,(1 - e)}{1 - e^n} \cdot Q$$

§. 129.

Zusatz. Werden die Nebenhindernisse beiseite gesetzt, so hat man, weil denn $a = 1$; $b = c = \frac{1}{2}$ folglich $e = 1$ ist; nach der Formel:

$$\frac{P}{ab}(1 + e + e^2 + \ldots + e^{n-1}] = Q;$$

$$\frac{P}{\frac{1}{2}} \cdot n \cdot 1 = Q$$

und hieraus

$$P = \frac{Q}{2n}.$$

Siebentes Capitel.

Von der Festigkeit parallelepipedischer Körper.

§. 130.

Erklärung. Den Widerstand, welchen ein Körper dem Bestreben, seine Theile zu trennen, entgegengesetzt, nennt man seine Festigkeit. Die, dem Zerreißen entgegenwirkende heißt: die absolute; die dem Zerbrechen widerstrebende, die relative; die dem Zerquetschen oder Zerdrücken widerstehende, die rückwirkende Festigkeit.

§. 131.

Aufgabe. Das Verhältniß der absoluten Festigkeiten zweier normalen Parallelepipeden von einerlei Materie, zu bestimmen.

Auflösung. Hat das eine Parallelepipedum die Abmessungen: B, H, L, das andere die: b, h, l und wirken die Kräfte P, p welche mit den absoluten Festigkeiten im Gleichgewicht stehen, nach den Richtungen L, l, so müssen sich diese Kräfte P, p wie die Menge der zu zerreißenden Theile der Materien, d. h. wie die auf L, l normalen Querschnitte verhalten. Man hat also $P : p = BH : bh$

§. 132.

Zusatz. Aus §. 131. folgt:

$$p = \frac{P}{BH} \cdot bh.$$

Ist nun durch Versuche $\frac{P}{BH}$ für diese Materie bekannt, etwa = k, so hat man

$$p = k \, . \, bh$$

Versteht man b und h in Zollen, p in Pfunden, so ist im Mittel:

für Blei k = 900
" Eisen k = 70000
" Kupfer k = 30000
" Stahl k = 110000
" Büchen, Eichen, Erlen, Eschenholz k = 22000
" Fichten, Kiefern, k = 10000.

§. 133.

Aufgabe. Das Verhältniß der relativen Festigkeiten zweier normalen Parallelepipeden von einerlei Materie zu bestimmen.

Auflösung. Bezeichnet in Beziehung auf das eine Parallelpipedum B die Breite, H die Höhe, L die Länge, W das Gewicht, P die absolute, R die relative Festigkeit, so wird, wenn man sich dies Parallelepipeden so eingemauert denkt, daß es mit der Länge L, horizontal hervorragt, B ebenfalls horizontal, H aber vertical liegt, die Breite B an der Stelle wo die Mauer aufhört, als Drehungsachse in Beziehung auf das Bestreben zum Zerbrechen erscheinen. Wirkt nun an dem Endpuncte von L, das Gewicht G so hat dieses den Hebelsarm L, W aber dann $\frac{1}{2}$L. Da nun die entgegenwirkende absolute Festigkeit P an den Hebelsarm $\frac{1}{2}$ H wirkt, so hat man also für den Augenblick vor dem Bruch

$$G \cdot L + W \cdot \tfrac{1}{2} L = P \cdot \tfrac{1}{2} H$$

und hieraus

$$G + \tfrac{1}{2} W = \frac{PH}{2L}.$$

oder, in sofern $G + \frac{1}{2} W$ die relative Festigkeit, oder die Kraft zum Zerbrechen, ausdrückt,

$$R = \frac{PH}{2L}.$$

Wenn nun b, h, l, p, r in Beziehung auf das andere Parallelpipedum dieselbe Bedeutung haben, so hat man auch

$$r = \frac{ph}{2l}$$

und folglich

$$R : r = \frac{PH}{L} : \frac{ph}{l}$$

oder, nach §. 131.

$$R : r = \frac{BH^2}{L} : \frac{bh^2}{l}.$$

§. 134.

Zusatz. Aus der Proportion

$$R : r = \frac{B \cdot H^2}{L} : \frac{bh^2}{l}$$

folgt:

$$r = \frac{R \cdot L}{B \cdot H^2} \cdot \frac{bh^2}{l}$$

Ist nun durch Versuche $\frac{RL}{BH^2}$ für diese Materie bekannt, etwa $= n$, so hat man

$$r = n \cdot \frac{bh^2}{l}.$$

Versteht man b, h und l in Zollen, r aber in Pfunden, so ist, im Mittel:

für Kiefernholz $n = 2800$
» Eichen $n = 4000$
» Rothtannen $n = 2000$
» Weißtannen $n = 2700$
» Rothbüchen $n = 4700$
» Weißbüchen $n = 3000$
» Erlen $n = 3400$.

Ist Ausdauer auf lange Zeit gemeint, so kann man nach Eytelweins Angaben nur den 32sten Theil annehmen.

§. 135.

Aufgabe. Ein normales Parallelepipedum von den Abmessungen b, h, l liegt so daß b und l horizontal sind, und ist in den beiden Endpuncten von l durch Unterlagen unterstützt. In der Entfernung x von der einen Unterlage wirkt lothrecht auf den Balken ein Gewicht y; man soll eine Gleichung zwischen x und y darstellen, welche die Bedingung ausspricht, daß y mit der relativen Festigkeit, Gleichgewicht erhält.

Auflösung. Aus y entspringt nach §. 87. auf die eine Unterlage ein Druck $\frac{(l-x)\,y}{l}$ und da die gleich große Gegenwirkung dieser Unterlage mit der relativen Festigkeit in der Brechungsebene bei y im Gleichgewicht sein soll, so hat man also $\frac{(l-x)y}{l} = n \cdot \frac{b \cdot h^2}{x}$, und hieraus $y = \frac{nbh^2 l}{lx - x^2}$ welches die verlangte Gleichung ist.

Für $x = \frac{1}{2} l$, entsteht $y = 4 n . \frac{b h^2}{l}$

oder nach §. 134. $y = 4 . r$.

§. 136.

Zusatz. Die Differenzialrechnung lehrt, daß man aus einem Cylinder den stärksten parallelepipedischen Balken erhält, wenn man den Durchmesser der Grundebene in 3 gleiche Theile theilt, in den beiden Theilpuncten Normalen auf den Durchmesser stellt, die eine auf der einen, die andere auf der andern Seite des Durchmessers, und beide dann bis zur Peripherie verlängert. Diese beiden Puncte und die Endpuncte des Durchmessers geben dann die 4 Ecken der Grundebene des Parallelepipedums, die größere Seite wird h; die kleinere b.

Aus dieser Construction folgt dann leicht

$$h : b = \sqrt{2} : 1; \text{ oder beinahe}$$
$$h : b = 7 : 5$$

Beispiel. Für einen Balken von 10″ Breite und 10″ Höhe einen andern von derselben Materie anzugeben, der bei eben der Länge, dieselbe relative Festigkeit hat, aber aus einem Cylinder aufs vortheilhafteste beschlagen werden soll.

Bezeichnet b die gesuchte Breite, h die gesuchte Höhe, so hat man die Gleichungen:

$$10 . 10^2 = b . h^2 \text{ und}$$
$$h : b = \sqrt{2} : 1;$$

und aus ihnen

$$b = \sqrt[3]{500} = 7{,}937 \text{ Zoll}$$

$$h = \sqrt{2} \,.\, \sqrt[5]{500} = 11{,}224 \text{ Zoll}$$

folglich den Durchmesser des erforderlichen' Baumstamms $= \sqrt{b^2 + h^2} = 13{,}747$ Zoll.

§. 137.

Aufgabe. Das Verhältniß der rückwirkenden Festigkeiten zweier normalen, lothrecht stehenden Parallelepipeden anzugeben.

Auflösung. Bezeichnen L, l ihre lothrecht stehenden Längen; B, b die größeren, H, h die kleineren Seiten ihrer horizontalen Querschnitte; Q, q ihre rückwirkenden Festigkeiten, so soll nach Erfahrungen folgende Proportion statt finden

$$Q : q = \frac{B \,.\, H^3}{L^2} : \frac{b\,h^3}{l^2}.$$

§. 138.

Zusatz. Man kann also $q = m \,.\, \frac{bh^3}{l^2}$ setzen.

Beziehen sich b, h, l auf Zolle, q auf Pfunde, so ist im Mittel

für Kiefernholz $m = 1550000$

für Eichenholz $m = 1965000$

Für die Ausdauer kann man aber auch nur den 32sten Theil nehmen.

Dritte Abtheilung.

Die Hydrostatik oder: Anwendungen der statischen Gesetze auf das Gleichgewicht tropfbar flüssiger Körper unter sich und mit festen Körpern.

Erstes Capitel.

Vom Normaldruck tropfbar flüssiger Materien auf begränzende feste Wände.

§. 139.

Erklärung.

Eine Materie heißt flüssig, wenn ihre Theile einen so geringen Zusammenhang unter einander haben, daß diese Materie nur dann eine bestimmte Form annehmen kann, wenn sie von festen Wänden begränzt ist.

Einige Flüssigkeiten sind äußerst compressibel, wie die Luft, Wasserdämpfe u. s. w. andere, die tropfbar flüssigen sind beinahe gar nicht compressibel, wie z. B. das Wasser. Mit jenen beschäftigt sich die Pneumatik, mit diesen (und zwar hier ins besondere mit dem Wasser) die Hydrostatik.

§. 140.

Erfahrung. Die Oberfläche einer von festen Seitenwändern eingeschlossenen, ruhenden, tropfbar flüssigen Materie ist horizontal.

§. 141.

Aufgabe. In einem oben offenen Gefäß befindet sich Wasser; man soll den Normaldruck des Wassers auf jedes ebene Stück der begränzenden Wand bestimmen.

Auflösung. 1) Für ein unendliches kleines ebenes Stückchen vom Quadratinhalt = a.

Man denke sich a ausgeschnitten und durch eine normale Thätigkeit x in seiner Lage erhalten, so daß also x dem zu bestimmenden Normaldruck gleich ist.

In Fig. 51. sei p die Stelle von a; nm der Wasserspiegel. Durch p stelle man sich eine horizontale Ebene pq vor, deren Quadratinhalt innerhalb des Gefäßes = B sein mag; denke sich den verticalen Abstand h zwischen pq und nm, von unten herauf, in eine sehr große Anzahl Theile von den Größen b, c, d u. s. w. abgetheilt, so gewählt, daß wenn C, D u. s. w. die den Endpuncten von b, c u. s. w. zugehörigen horizontalen Querschnitte des Gefäßes bezeichnen, die durch Bb, Cc, Dd, u. s. w. auszudrückenden Cubicinhalte der aufeinander liegenden horizontalen Wasserschichten gleich groß sind.

Wird nun das Wasser als vollkommen incompressibel betrachtet, so mußte, wenn die Kraft x die Ebene a um den Weg v in das Gefäß hineinpreßte, und v so groß gedacht wird, daß $av = Bb = Cc$ u. s. w. ist, die Schicht Bb in den Raum Cc die Cc in den Dd u. s. w. steigen. Es sind daher die dem Eindringen von a widerstehenden Gewichte der aufeinander liegenden Wasserprismen, wenn γ das Gewicht eines Cubicfußes Wasser ausdrückt, und alle Abmessungen in Fußen verstanden werden,

$$= Bb\gamma,\ Cc\gamma,\ Dd\gamma \text{ u. s. w.}$$

und die Wege, welche diese Kräfte ihren Bestreben entgegen, dann durchlaufen müßten, wenn die Kraft x den Weg v zurücklegte = b, c, d u. s. w., und man hat daher nach dem Princip der virtuellen Geschwindigkeiten, die Gleichung

$$xv = Bb\gamma \,.\, b + Cc\gamma \,.\, c + Dd\gamma \,.\, d \text{ u. s. w.}$$

weil aber

$$av = Bb = Cc = Dd \text{ u. s. w.}$$

ist, so entsteht durch Substitution

$$xv = av\gamma b + av\gamma c + av\gamma \,.\, d + \text{u. s. w.}$$

oder

$$x = a\gamma\,(b + c + d \text{ u. s. w.})$$

Es ist aber $b + c + d$ u. s, w. $= h$

folglich $x = ah\gamma$

d. h. der Normaldruck des Wassers auf das Element a, ist so groß wie das Gewicht eines Wasserprismens, welches a zur Grundebene, und die Entfernung h, von a bis zum Wasserspiegel zur Höhe hat.

2) Für jede Ebene E der Begränzung.

Es bezeichne H die lothrechte Entfernung vom

Wasserspiegel bis zum Schwerpunct von E, alles in Fußmaaß verstanden.

Man denke sich E in eine unendliche Menge kleiner Ebenen A, B, C u. s. w. zertheilt, und setze deren Entfernungen vom Wasserspiegel = a, b, c u. s. w., so sind die Normalpressungen des Wassers auf dieselben nach 1)

$A a \gamma$, $B b \gamma$, $C c \gamma$ u. s. w.

folglich der gesuchte Normaldruck P

$$= A a \gamma + B b \gamma + C c \gamma + \ldots.$$

$$= (A a + B b + C c + \ldots.) \cdot \gamma$$

Nach §. 73. ist aber

$$H = \frac{A a + B b + C c + \ldots.}{E}$$

also $A a + B b + \ldots. = H E$,

und folglich

$$P = H \cdot E \cdot \gamma$$

d. h. der Normaldruck P des Wassers auf jede ebene Begränzung E, ist gleich dem Gewicht eines Wasserprimens, welches E zur Grundebene und die Entfernung H ihres Schwerpuncts vom Wasserspiegel zur Höhe hat.

§. 142.

Beispiele. I. In 2 communicirenden, mit Wasser gefüllten Röhren (Fig. 52.) steht das Wasser in der Röhre I, um h Fuße höher als in der andern II, die Oberfläche von II enthält A Quadratfuße; wie groß muß das auf II zu legende Gewicht x, fürs Gleichgewicht sein?

Man hat nach §. 141.

$$x = A h \gamma$$

II. Wenn die Oberfläche des Wassers in I noch von einer Gewalt P lothrecht nieder gedrückt wird, wie groß muß dann x fürs Gleichgewicht sein?

Enthält die Oberfläche in I a Quadratfuße, so ist die Höhe einer Wassersäule über a, deren Druck auf a so groß wie P ist, gleich $\frac{P}{a\gamma}$ folglich

$$x = A \left(h + \frac{P}{a\gamma}\right) . \gamma; \text{ oder}$$

$$x = A h \gamma + \frac{A}{a} P.$$

III. Ein verticales Schutzbrett von 4′ horizontaler Breite und 3′ Höhe, dessen Schwerpunct vom Wasserspiegel 5′ entfernt ist, soll durch eine lothrecht nach oben wirkende Thätigkeit x in die Höhe gezogen werden. Wie groß muß x fürs Gleichgewicht sein?

Der Normaldruck des Wassers ist, $\gamma = 66$ Pfund gesetzt; $= 3 . 4 . 5 . 66$
und x muß mit der aus diesen Druck entstehenden Reibung Gleichgewicht halten. Setzt man daher $\mu = \frac{1}{3}$ so hat man

$$x = \frac{1}{3} . 3 . 4 . 5 . 66 = 1320 \text{ Pfund}.$$

Ist ein Hebel angebracht, und wirkt der Widerstand von 1320 Pfund an einen Hebelsarm von 18″; die Kraft P aber an 8′ Hebelsarm, so ist P . 96 = 18 . 1320 folglich P = 247 ½ Pfund.

IV. Eine Schleusenkammer so weit mit Wasser anzufüllen, daß beide Thore gleichen Druck erleiden.

Stellt Fig. 53. den verticalen Längendurchschnitt vor, ab den obern, cd den untern Wasserspiegel, und ist $bc = 8$ Fuß hoch; $df = 4'$ die erforderliche Höhe in der Kammer $= x$; die Breite der Thore $= b$; so ist der Druck des Oberwassers aufs obere Thor $= 8 \cdot b \cdot 4 \cdot \gamma$ und der Gegendruck vom Wasser in der Kammer $= (x - 4)\, b \cdot \frac{x-4}{2} \cdot \gamma$; also der Druck, welchen das Oberthor auszuhalten hat

$$= \left[32 - \frac{(x-4)^2}{2}\right] b\gamma.$$

Eben so ergiebt sich der aufs Unterthor

$$= x b \gamma \frac{x}{2} - 4 \cdot b \cdot \gamma \cdot 2$$

$$= \left(\frac{x^2}{2} - 8\right) b\gamma$$

und die Bedingung ist also:

$$32 - \frac{(x-4)^2}{2} = \frac{x^2}{2} - 8;$$

woraus man $x = 8$ erhält.

§. 143.

Zusatz. Wirkt auf eine unter dem Winkel α gegen den Horizont geneigte Ebene ein normaler Wasserdruck $= P$, so entspringt daraus durch Zerlegung, ein horizontaler Schub $= P \operatorname{Sin} \alpha$ und eine lothrechte Wirkung $= P \operatorname{Cos} \alpha$.

§. 144.

Aufgabe. Ein, in einer lothrechten Ebene befindliches rechtwinklichtes Parallelogramm, dessen horizontale Breite $= b$ und lothrechte Höhe $= h$ ist,

ist mit seiner ganzen Ebene dem Druck eines eben so hoch stehenden Wassers ausgesetzt. Man soll das Moment M, dieses Drucks P, in Beziehung auf die untere Breite b bestimmen.

Auflösung. Auf irgend einen horizontalen Streifen von der unendlich kleinen Höhe e, in g, Fig. 54. gedacht, wirkt ein Normaldruck $D = b . e . fg . \gamma$.

Auf eben solch einen Streifen in k wirkt der Druck $D' = b . e . fk . \gamma$ und es verhält sich also

$$D : D' = fg : fk$$

Macht man daher die Horizontallinie $gn = D$ (in dem Sinn §. 52. Anmerk.), und zieht durch f und n die gerade Linie ft bis sie die Horizontale durch den tiefsten Punct r, schneidet, so wird jede mit gn, im $\triangle$ frt, parallel gezogene Linie, den Druck auf den zugehörigen Streifen in bh darstellen. Der Mittelpunct aller dieser Wirkungen liegt daher im Schwerpunct q des Dreiecks frt, und es ist daher, wenn man durch q eine Horizontale zieht, welche $fr = h$ in m schneidet, $rm = \frac{1}{3}h$ (§. 72) der Hebelsarm des Normaldrucks

$$P = bh . \tfrac{1}{2}h . \gamma; \text{ folglich}$$
$$M = \tfrac{1}{3}h . bh . h\gamma \text{ oder}$$
$$M = \tfrac{1}{6}bh^3\gamma$$

wo $\gamma = 66$ Pfund, b und h aber in Fußen zu verstehen sind.

§. 145.

Aufgabe. Eine zu beiden Seiten lothrechte Mauer bildet ein Parallelepipedum, von der Breite b,

Höhe

Höhe h und Länge l wie es Fig. 55. im verticalen Querschnitt darstellt. Die Seite hl desselben ist dem Druck eines eben so hoch stehenden Wassers ausgesetzt. Wenn nun der Cubicfuß Mauer p Pfund wiegt, so wird gefragt, wie groß b werden muß, damit die Stabilität der Mauer den Druck des Wassers gerade aushalten kann.

Auflösung. Die Stabilität der Mauer ist in Beziehung auf die Kante l durch n, um welche der Druck des Wassers die Mauer umzuwerfen strebt

$$= bhlp \cdot \tfrac{1}{2} b.$$

Das Moment des Wasserdrucks aber $= \frac{1}{6} lh^3 \cdot \gamma$; folglich die Bedingungsgleichung

$$bhlp \cdot \tfrac{1}{2} b = \tfrac{1}{6} lh^3 \gamma$$

und hieraus

$$b = h \cdot \sqrt{\frac{\gamma}{3p}}$$

Ist etwa p = 110 Pfund, so hat man

$$b = h \sqrt{\frac{66}{3 \cdot 110}} = 0{,}447 \cdot h$$

beinahe $= \frac{1}{2} h$.

Zweites Capitel.

Vom Gleichgewicht des Wassers mit, in dasselbe eingesenkten festen Körpern.

---

§. 146.

Erklärung. Das Verhältniß der Gewichte zweier Körper von gleichen Volumen, heißt: specifisches Gewicht. Gewöhnlich wird das reine Wasser als Einheit angenommen, und wenn man also sagt: das specifische Gewicht einer Materie A ist $= \beta$, so heißt dieß soviel: Irgend ein Volumen V dieser Materie wiegt β mal so viel als ein gleiches Volumen Wasser. In diesen Sinn ist hier vom specifischen Gewicht die Rede; übrigens sind alle Abmessungen in Fußen zu verstehen und γ bezeichnet die Zahl 66 als die Anzahl Pfunde, welche ein Cubicfuß Wasser wiegt.

§. 147.

Lehrsatz. Ein ins Wasser getauchter Körper wird von einer Kraft lothrecht in die Höhe gedrückt, welche dem Gewicht des verdrängten Wassers gleich ist.

Beweis. Ist das Volumen des verdrängten Wassers $= V$, so ist das Gewicht der verdrängten Wassermasse $= V\gamma$. Ehe nun der Körper ins Wasser kam, blieb die Wassermasse, obgleich ihr Gewicht $V\gamma$ sie lothrecht nieder trieb, an ihrer Stelle, und hieraus folgt: daß das umgebende Wasser auf diesen Raum V mit einer Gewalt $V\gamma$, von unten nach oben lothrecht wirken muß, welche Einwirkung sich nun auf den an diese Stelle gebrachten Körper äußert.

§. 148.

Zusatz. Ist also das Volumen eines festen Körpers $= V$; sein specifisches Gewicht $= \beta$; sein absolutes also $= V\beta\gamma = P$ Pfunde, und wird dieser Körper ganz unter Wasser getaucht, so muß

1) wenn $\beta > 1$ ist, der Körper wegen des Uebergewichts $P - V\gamma$ ganz zu Boden sinken, oder: es muß ihn eine Kraft $= P - V\gamma$ tragen.

2) Wenn $\beta = 1$ ist, der Körper an jeder Stelle unter Wasser sich erhalten.

3) Wenn $\beta < 1$ ist, der Körper aus dem Wasser sich wieder erheben, und zwar so weit, bis das Gewicht des, von seinem noch untergetauchten Theile, verdrängten Wassers $= V\beta\gamma$ oder $= P$ ist. Der Körper schwimmt also, wenn β kleiner wie 1 ist.

Soll ein Körper, für welchen $\beta < 1$ ist, ganz unter Wasser erhalten werden, so muß eine noch anzubringende Kraft $= V\gamma - P$ ihn lothrecht nach unten pressen.

§. 149.

Lehrsatz. Ein schwimmender Körper kann nur dann in Ruhe sein, wenn sein Schwerpunct mit dem des verdrängten Wassers in eine lothrechte Linie fällt.

Beweis. Die Wahrheit dieser Behauptung erhellet daraus, daß zwei parallel thätige, gleiche, aber entgegengesetzt wirkende Kräfte, nur dann Gleichgewicht untereinander erhalten können, wenn ihre Richtungslinien in einander fallen.

§. 150.

Beispiele. I. Ein rechtwinklichtes Parallelepipedum, von den Abmessungen b, h, l und dem specifischen Gewicht β (kleiner wie 1), wird so ins Wasser gelegt, daß b und l in horizontale Lage kommen. Die Tiefe x zu bestimmen, mit welcher es sich ins Wasser senkt.

Es ist das Gewicht des schwimmenden Körpers $= b h l \beta \gamma$ und das, des verdrängten Wassers

$$= b x l \gamma; \text{ folglich}$$

$$b x l \gamma = b h l \beta \gamma \text{ und hieraus}$$

$$x = \beta h.$$

II. Ein normaler Kegel vom specifischen Gewicht β, (kleiner wie Eins), der Höhe h und dem Halbmesser r der Grundebene, wird so ins Wasser gesenkt, daß h vertical liegt, die Spitze des Kegels aber außerhalb des Wassers bleibt. Die Tiefe x der Einsenkung zu bestimmen.

Bezeichnet y den Halbmesser, der zum Endpunct von x gehörigen horizontalen Durchschnittsebene des Kegels, so entsteht nach §. 17. die Bedingungsgleichung:

$$\tfrac{1}{3}\pi x (r^2 + y^2 + r y) \gamma = \tfrac{1}{3}\pi h r^2 . \beta \gamma.$$

Hiezu die Hülfsgleichung $r : y = h : h - x$ genommen, und aus ihr, $x = h . \frac{r - y}{r}$ in die Bedingungsgleichung substituirt, giebt

$$h . \frac{r - y}{r} (r^2 + y^2 + r y) = h r^2 \beta$$

oder $r^3 - y^3 = r^3 \beta$ und hieraus ist

$$y = r . \sqrt[3]{1 - \beta} \text{ folglich}$$

$$x = h (1 - \sqrt[3]{1 - \beta}).$$

III. Aus P Pfund einer Materie, deren specifisches Gewicht $= \beta$ ist, eine hohle Kugel zu bilden, die sich gerade zur Hälfte ins Wasser senkt.

Bezeichnet x den äußern, y den inneren Halbmesser, so ist, ohne Rücksicht auf das Gewicht der eingeschlossenen Luft $\frac{4}{3}(x^3 - y^3)\pi\beta\gamma = P$ und

$$\frac{2}{3}x^3\pi\gamma = P$$

also

$$x = \sqrt[3]{\frac{3P}{2\pi\gamma}}$$

$$y = \sqrt[3]{\frac{2\beta - 1}{2\beta} \cdot \frac{3P}{2\pi\gamma}}.$$

§. 151.

Lehrsatz. Der Gewichtsverlust eines ganz unter Wasser befindlichen Körpers ist gleich seinem absoluten Gewicht, dividirt durch sein specifisches.

Beweis. Das Volumen des Körpers, also auch das des verdrängten Wassers sei $= V$; sein specifisches Gewicht $= \beta$; sein absolutes $= P$; sein Gewichtsverlust, oder das Gewicht der Wassermenge V, sei $= F$, so hat man $P = V\gamma\beta$ und

$$F = V\gamma;\ \text{also}\ F = \frac{P}{\beta}.$$

§. 152.

Aufgabe. Zwei Körper, deren absolute Gewichte $= P, Q$, deren specifische aber $= \alpha, \beta$ sind, sind ohne Verlust an Volumen zu einem Körper verschmolzen und δ bezeichne das specifische Gewicht dieser entstandenen Materie. Man soll eine Gleichung zwischen diesen Größen darstellen.

Auflösung. Der Gewichtsverlust beider Materien einzeln, unter Wasser ist $\frac{P}{\alpha}$ und $\frac{Q}{\beta}$; der des entstandenen Körpers aber $= \frac{P + Q}{\delta}$. Wenn nun, wie vorausgesetzt ist, keine Vermehrung und Verminderung des Volumens erfolgt ist, so drückt, sowohl $\frac{P}{\alpha} + \frac{Q}{\beta}$, als auch $\frac{P + Q}{\delta}$ das Gewicht eines und desselben Wasserkörpers aus, und es ist also

$$\frac{P}{\alpha} + \frac{Q}{\beta} = \frac{P + Q}{\delta}$$

§. 153.

Zusatz. Ist der Gewichtsverlust des entstandenen Körpers unmittelbar $= F$ gegeben, so hat man

$$\frac{P}{\alpha} + \frac{Q}{\beta} = F$$

Ist das Volumen V des entstandenen Körpers gegeben, so ist

$$\frac{P}{\alpha} + \frac{Q}{\beta} = V \cdot \gamma.$$

§. 154.

Beispiele. I. Eine Mischung von Gold und Silber wiegt 18 Pfund; das specifische Gewicht des Goldes kann $= 20$; das des Silbers $= 10$ gesetzt werden. Die Mischung verliehrt unter Wasser $\frac{5}{4}$ Pfd. Wie viel Gold und wie viel Silber ist darinnen enthalten?

Bezeichnet x die Anzahl Pfunde des Goldes, y die des Silbers, so hat man

$\frac{x}{20} + \frac{y}{10} = \frac{5}{4}$ und

$x + y = 18$; also
$x = 11$
$y = 7$.

II. Mit Q Pfund einer Materie deren specifisches Gewicht $= \beta$ ist, sollen zwei gleich große Kugeln von einer Materie, deren specifisches Gewicht $= \delta$ ist, verbunden worden. Die Halbmesser x dieser Kugeln der Bedingung gemäß zu bestimmen, daß die ganze Verbindung sich im Wasser eben so verhalte, wie eine Materie vom specifischen Gewicht α.

Die Gleichung ist

$$\frac{Q}{\beta} + \frac{2 \cdot \frac{4}{3} r^3 \pi \cdot \delta\gamma}{\delta} = \frac{Q + 2 \cdot \frac{4}{3} r^3 \pi \delta\gamma}{\alpha};$$

und hieraus folgt

$$r = \sqrt[3]{\frac{\alpha - \beta}{\delta - \alpha} \cdot \frac{3Q}{8\pi\beta\gamma}}.$$

§. 155.

Aufgabe. Die specifischen Gewichte fester und flüssiger Körper hydrostatisch zu bestimmen.

Auflösung. 1) Für feste Körper

a) für solche, welche specifisch schwerer wie Wasser sind.

Man beobachte den Gewichtsverlust des Körpers unter Wasser. Ist dieser $= F$; das absolute Gewicht des Körpers $= P$; sein specifisches $= x$, so ist nach §. 151.

$$F = \frac{P}{x}; \text{ folglich}$$

$$x = \frac{P}{F}$$

b) für specifisch leichtere.

Man verbinde einen so schweren Körper, mit dem dessen specifisches Gewicht x bestimmt werden soll, daß die Verbindung im Wasser untersinkt. Ist nun der Gewichtsverlust der Verbindung = F; der des Hülfskörpers = F'; das absolute Gewicht des zu untersuchenden Körpers = P, so hat man nach a,

$$x = \frac{P}{F - F'}$$

2) Für flüssige Körper.

Die Flüssigkeit heiße A, ihr zu bestimmendes specifisches Gewicht sei = x. Ein Körper der sowohl in A als im Wasser untersinkt, und sich nicht auflößt, verliehre im Wasser gewogen P Pfund; in A gewogen Q Pfund, und habe das Volumen V, so ist:

$$P = V\gamma$$

$$Q = Vx\gamma; \text{ also}$$

$$x = \frac{Q}{P}$$

§. 156.

Zusatz. Will man das specifische Gewicht x eines festen Körpers, welcher sich im Wasser auflößt, hydrostatisch bestimmen, so bestimme man zuvörderst den Gewichtsverlust Q desselben in einer Flüssigkeit, in welcher er sich nicht auflößt, deren specifisches Gewicht α aber schon bekannt ist. Ist nun P das absolute Gewicht des Körpers, und bezeichnet V das Volumen desselben, so hat man

$$P = Vx\gamma$$

$$Q = V \alpha \gamma$$

$$\text{alſo } x = \alpha \cdot \frac{P}{Q}.$$

§. 157.

Zuſatz. Zu Beſtimmung des ſpecifiſchen Gewichts von Flüſſigkeiten bedient man ſich am bequemſten der Senkwagen oder Aräometer, entweder mit oder ohne Scale. Die Theorie derſelben iſt höchſt einfach.

Auf Salinen ſind ſie beſonders im Gebrauch zu Beſtimmung der Löthigkeit oder des Salzgehaltes der Sole und heißen Salzſpindeln.

§. 158.

Die ſpecifiſchen Gewichte, der am häufigſten vorkommenden Materien ſind, in Mittelwerthen in folgender Tabelle enthalten.

Materie.	ſpecif. Gewicht.
Gold	19
Silber	10
Kupfer	8
Eiſen	7,4
Zinn	7,2
Blei	11,3
Queckſilber	13,5
Sandſtein	2,3
Eichenholz	1,1
Kork	0,24
Ulmen	0,67

Materie.	specif. Gewicht.
Eschen	0,84
Buchen	0,85
Erlen	0,8
Linden	0,6
Tannen	0,5

Die Mechanik.

§. 159.

Erklärung.

Die Mechanik lehrt die Größe der Aenderungen des Zustandes der Ruhe oder Bewegung, (Ortsänderung) so wie die aus diesen Aenderungen entspringenden Wirkungen bestimmen welche entstehen, wenn ein Punct oder ein System von Puncten von Kräften angegriffen wird, welche unter sich nicht im Gleichgewicht stehen. Ihre Anwendung auf feste Körper heißt Geomechanik; auf tropfbar flüssige, Hydrodynamik oder Hydraulick.

Hier sollen, unter der Ueberschrift: Geomechanik, die allgemeinen Gesetze der Bewegung und die Geomechanik vorgetragen werden, in der Kürze und den geringen Umfang, wie es der Zweck dieses Buches erfordert.

§. 160.

Erklärung. Jede Bewegung oder Ortsänderung ist entweder:

a) gleichförmig, wenn der bewegte Punct, in gleichen auf einander folgenden Zeiten, immer einen gleich großen Weg durchläuft.

b) ungleichförmig, wenn dieß nicht der Fall ist.

Die ungleichförmige Bewegung ist entweder

α) beschleunigt, wenn die in gleichen aufeinander folgenden Zeiten, durchlaufenen Wege, immer größer werden.

β) verzögert, wenn sie fortwährend abnehmen.

§. 161.

Erklärung. Bewegen sich 2 Puncte A und B während derselben Zeit t gleichförmig; durchläuft A während dieser Zeit t den Weg a; B während dieser Zeit, den Weg b, und ist a größer wie b, so sagt man: die Schnelligkeit der Bewegung oder die Geschwindigkeit von A ist größer wie die von B. Gewöhnlich nimmt man bei solchen Vergleichungen die Secunde als Zeiteinheit an, setzt also t = 1; und nennt den während einer Secunde, bei gleichförmiger Bewegung, durchlaufenen Weg, die Geschwindigkeit des bewegten Punctes.

Ist die Bewegung ungleichförmig, so versteht man unter Geschwindigkeit in irgend einen Punct p der Bahn des bewegten Punctes A, den Weg, welchen dieser Punct A, von p aus, dann durchlaufen würde, wenn er sich, gerade so schnell wie in p, eine Secunde lang, gleichförmig fortbewegte.

§. 162.

Erklärungen. Das Bestreben jedes Körpers in dem Zustand (es sei Ruhe oder Bewegung) zu verharren, in welchem er sich befindet, heißt Beharrungsvermögen. Dieser Zustand selbst, heißt Beharrungszustand. Was einen Beharrungszustand aufzuheben vermag, heißt Kraft. Eine Kraft heißt absolut, wenn ihre Einwirkung dieselbe ist, der von ihr ergriffene Gegenstand mag sich in Ruhe oder Bewegung befinden; relativ, wenn die Einwirkung vom Zustand der Ruhe oder Bewegung des ergriffenen Gegenstandes abhängig ist. Die Kraft, welche jeden Körper nach dem Mittelpunct unserer Erde treibt, heißt Schwere, und sie kann als eine absolute Kraft betrachtet werden. Die Summe der materiellen Theile eines Körpers heißt seine Masse.

Wenn ein Körper A durch einen andern B verhindert wird, eine Bewegung anzufangen, welche eine auf ihn einwirkende Kraft hervorzubringen strebt, so heißt die Wirkung welche A und B aufeinander äußern Druck.

Wenn aber A schon in Bewegung ist, ehe der widerstehende Körper B ihm in den Weg tritt und zwingt, diese Bewegung ganz oder zum Theil aufzugeben, so heißt die Einwirkung, welche in diesen Fall A und B aufeinander äußern, Stoß.

Wirken Kräfte, welche nicht miteinander im Gleichgewicht sind, auf einen Körper, so heißt ihre mittlere Kraft, die Uebermucht oder bewegende Kraft.

Derjenige Theil der bewegenden Kraft, welcher auf jeden einzelnen Theil der bewegten Masse wirkt, heißt beschleunigende Kraft, und man erhält dieselbe, wenn man die bewegende Kraft durch die Masse dividirt.

§. 163.

Erklärung. Wird eine Masse M fortwährend von einer Ueberwucht P ergriffen, so daß P die erste Einwirkung in jeden folgenden Augenblick wiederholt, so muß sich M beschleunigt bewegen. Ist nun die beschleunigende Kraft $\frac{P}{M}$ unveränderlich, so heißt die Bewegung gleichförmig beschleunigt; ist $\frac{P}{M}$ veränderlich, so heißt die Bewegung ungleichförmig beschleunigt. Eben so unterscheiden sich: gleichförmig verzögerte, und ungleichförmig verzögerte Bewegung.

Der Weg, welchen ein gleichförmig beschleunigt bewegter Körper in der ersten Secunde der Bewegung durchläuft, heißt Beschleunigung.

§. 164.

Erklärung. Wirkt die Schwere auf einen Körper, und ist dieser durch eine Unterstützung verhindert, ihrer Einwirkung zufolge, sich zu bewegen, so heißt die Zahl, welche die Größe des entstehenden Drucks, nach irgend einer gewählten Einheit (Loth, Pfund, Centner) angiebt, das Gewicht des Körpers.

Haben 2 Körper die Gewichte Q. q, die Massen M, m. so muß die Proportion statt finden:

$$M : m = Q : q,$$

denn: je mehr Materie ein Körper besitzt, desto mehr Theile setzt er den Einwirkungen der Schwere aus, desto größer ist also auch der Druck, welchen er ruhend, auf eine Unterstützung ausüben wird.

Erste Abtheilung.

Die Geomechanik.

Erstes Capitel.

Von der gleichförmigen Bewegung.

§. 165.

Aufgabe.

Ein Punct A bewegt sich mit der Geschwindigkeit c gleichförmig, während t Secunden; man soll den in der Zeit t durchlaufenen Weg h bestimmen.

Auflösung. Da A in jeder der t Secunden, allemal den Weg c zurücklegt, so durchläuft er t mal den Weg c, d. h. es ist $h = c \cdot t$.

§. 166.

Aufgabe. Ein Körper A wird vom Punct p aus, durch eine Kraft P in eine solche Bewegung versetzt, daß er in jeder Secunde nach der Richtung pf Fig. 56. den Weg c zurücklegen würde. Wenn nun aber dieser Körper A in denselben Augenblick noch von einer andern Kraft R ergriffen wird, welche, wenn P nicht wirkte, den Körper A von p aus nach der Richtung pk in eine solche Bewegung versetzen würde, daß er in jeder Secunde den Weg v zurücklegte; nach welcher Richtung und mit welcher Geschwindigkeit x wird sich dann A bewegen?

Auflösung. Da, unter übrigens gleichen Umständen, die Kräfte sich, wie die aus ihnen entspringenden Wirkungen verhalten müssen, so hat man

$$P : R = c : v.$$

Macht man daher $pn = c$, $pm = v$ und bildet das Parallelogramm $pmgn$, so bestimmt pg die verlangte Richtung und Geschwindigkeit.

Ist etwa $\angle fpk = \alpha$, so hat man, wie im §. 54.

$$pg = x = \sqrt{c^2 + v^2 + 2cv \operatorname{Cos} \alpha}$$

§. 167.

Zusatz. Tritt also eine bewegter Punct in seiner Bahn, aus einer geraden Linie in eine Curve, und ist jene an der Berührungsstelle die Tangente von dieser, so verliert derselbe nichts an Geschwindigkeit.

Ueberhaupt kann man nach §. 166 Geschwindigkeiten eben so zerlegen und zusammensetzen, wie in der Statik, Kräfte.

Zweites Capitel.

Von der gleichförmig beschleunigten Bewegung.

---

§. 168.

Aufgabe. Eine Ueberwucht P wirkt als eine absolute Kraft, auf eine Masse M, und die beschleunigende Kraft $\frac{M}{P}$ ist unveränderlich; man soll das Verhältniß verschiedener vom Beginnen der Bewegung an verflossener Zeiten, T; t mit dem Verhältniß der in den letzten Augenblicken dieser Zeiten T, t erlangten Geschwindigkeiten C, c vergleichen.

Auflösung. Sind T, t in Secunden ausgedrückt, und bezeichnet n die unendlich große Anzahl der Einwirkungen von P auf M in jeder Secunde; $e = \frac{1}{n}$ die unendlich kleine Dauer einer Einwirkung, ebenfalls in Secunden, so wird, wenn in Erfolg und während der ersten Einwirkung, M den Weg w durchläuft, während der folgenden Zeit e, blos dem Beharrungsvermögen zufolge, M denselben Weg w, und wegen der stattfindenden zweiten Einwirkung auch den Weg w, also während des zweiten Zeitraums e, den Weg 2 w durchlaufen. Im dritten Zeitaugenblick von e Secunden, wird M den Weg 2 w zufolge des Beharrungsvermögens, und den Weg w in Erfolg der dritten Einwirkung zurücklegen, und also ist

	während des	3ten	Zeitraums	e, der	Weg	= 3 w
Eben so:	—	— 4.	—	-, —	—	= 4 w
	—	— 5.	—	-, —	—	= 5 w
		u. s. w.				
	—	— n.	—	-, —	—	= n w
	—	— n t.	—	-, —	—	= n t w
	—	— n T.	—	-, —	—	= n T w

Wenn nun im letzten Augenblick des Zeitraums

nT die absolute Kraft P plötzlich vernichtet würde, so daß M von nun an sich blos gleichförmig fortbewegen, also in jeden folgenden Zeitaugenblick e immer den Weg nTw, zurücklegen würde, so wäre der Weg in der nun folgenden Secunde, d. h. die, im letzten Augenblick der Zeit, von T Secunden, oder von nT Zeitaugenblicken e, erlangte Geschwindigkeit C nach §. 161. gleich n . nTw, oder

$$C = n^2 . Tw.$$

Eben so ist $c = n^2 . tw$
und aus beiden Formeln entsteht

$$Cc = T : t$$

d. h. die erlangten Geschwindigkeiten verhalten sich, wie die, vom Beginnen der Bewegung an, verflossenen Zeiten.

§. 169.

Aufgabe. Bei derselben Bezeichnung wie im vor. §. drücke außerdem noch, H den in der Zeit T; h den in der Zeit t zurückgelegten Weg aus. Man soll das Verhältniß H : h mit dem T : t vergleichen.

Auflösung. Nach dem vor §. ist

$$H = w + 2w + 3w + \ldots\ldots + nTw$$

oder

$$H = (1 + 2 + 3 + \ldots + nT) w$$

Es ist aber

$$1 + 2 + 3 + \ldots + nT = (1 + nT) \frac{nT}{2}$$

folglich

$$H = (1 + nT) \frac{nT}{2} w$$

und eben so

$$h = (1 + nt) \frac{nt}{2} w; \text{ daher}$$

$$H : h = (1 + nT)\, T : (1 + nt)\, t$$

oder auch

$$H : h = \left(\frac{1}{n} + T\right) T : \left(\frac{1}{n} + t\right) t.$$

Nun ist aber n unendlich groß, also $\frac{1}{n}$ gleich Null, und also

$$H : h = T^2 : t^2$$

d. h. die vom Beginnen der Bewegung an, durchlaufenen Wege verhalten sich wie die Quadrate der verflossenen Zeiten.

§. 170.

Zusatz. Aus §, 168. ist $C : c = T : t$; also auch $C^2 : c^2 = T^2 : t^2$ und setzt man $C^2 : c^2$ für $T^2 : t^2$ in §. 169, so entsteht

$$H : h = C^2 : c^2$$

d. h. die, von Beginn der Bewegung an, durchlaufenen Wege, verhalten sich wie die Quadrate der erlangten Geschwindigkeiten.

§. 171.

Aufgabe. Es bezeichne, mit Beibehaltung der Bedeutung der bisher gebrauchten Buchstaben, G die Beschleunigung, d. h. den Weg, welchen M in der ersten Secunde der Bewegung zurücklegt. Man soll durch G die im letzten Augenblick der ersten Secunde erlangte Geschwindigkeit v ausdrücken, d. h. man soll den Weg v bestimmen, welchen M in der zweiten Secunde der Bewegung, blos vermöge seines Beharrungsvermögens, durchlaufen wird.

Auflösung. Aus $H : h = T^2 : t^2$ folgt: wenn man 1 für T; also G für H setzt, $h = G t^2$.

Wird nun in diese Formel, 2 für t geschrieben, so giebt sie den Weg in den beiden ersten Secunden der Bewegung $= 4$ G. Es ist aber der Weg in der ersten Secunde $=$ G; folglich der in der zweiten
$= 4G - G = 3G$.

Während dieser zweiten Secunde wird aber M durch die Einwirkung der absoluten Kraft P nur durch denselben Weg G getrieben, durch welchen M während der ersten Secunde geführt wurde, und es muß also der Ueberschuß $3G - G = 2G$ der Weg sein, welchen M während der zweiten Secunde blos in Erfolg seines Beharrungsvermögens durchläuft, d. h. es ist

$$v = 2G$$

oder: die Geschwindigkeit im letzten Augenblick der ersten Secunde ist doppelt so groß, wie der in der ersten Secunde zurückgelegte Weg.

§. 172.

Zusatz. Wird die Beschleunigung G als gegeben angesehen, so hat man also folgende zusammen gehörige Werthe: wenn $T = 1$ Secunde ist, so ist $H = G$ und $C = v = 2G$. Setzt man diese Werthe in die 3 Proportionen §. 168, 169 und 170, so erhält man

$$2G : c = 1 : t$$

$$G : h = 1 : t^2$$

$$G : h = 4G^2 : c^2$$

und hieraus

$$\text{I.} \quad c = 2Gt$$

$$\text{II.} \quad t = \frac{c}{2G}$$

$$\text{III.} \quad h = Gt^2$$

$$\text{IV.} \quad t = \sqrt{\frac{h}{G}}$$

$$\text{V.} \quad h = \frac{c^2}{4G}$$

$$\text{VI.} \quad c = 2\sqrt{Gh}$$

Aus diesen 6 Formeln kann man nun, wenn G bekannt ist, und eine der 3 zusammengehörigen Größen c, t, h gegeben wird, die beiden andern durch sie bestimmen.

§. 173.

Erfahrung. Für den freien Fall schwerer Körper im luftleeren Raum an der Oberfläche unsrer Erde hat man durch Versuche, die Beschleunigung $= 15\frac{5}{8}$ oder $\frac{125}{8}$ Rheinländl. Fuße gefunden.

Bezeichnet man diese Zahl $15\frac{5}{8}$ oder 15,625 durch g (welches Zeichen seine Bedeutung durchaus behalten soll) und versteht c und h ebenfalls in Rheinländischen Fußen, so hat man also für den freien Fall die 6 Formeln

$$\text{I.} \quad c = 2gt = \frac{125}{4} \cdot t$$

$$\text{II.} \quad t = \frac{c}{2g} = \frac{4}{125} \cdot c$$

$$\text{III.}\quad h = g\,t^2 = \frac{125}{8}\,t^2$$

$$\text{VI.}\quad t = \sqrt{\frac{h}{g}} = \sqrt{\frac{8}{125}\,.\,h}$$

$$\text{V.}\quad h = \frac{c^2}{4g} = \frac{2}{125}\,.\,c^2$$

$$\text{VI.}\quad c = 2\sqrt{gh} = \sqrt{\frac{125}{2}\,.\,h}$$

Beispiele. 1) Ein schwerer Körper fällt frei herab, während 4 Secunden; welchen Weg h durchläuft er, und wie groß wird seine erlangte Geschwindigkeit c seyn?

Es ist $h = \frac{125}{8}\,.\,4^2 = 250$ Fuß

und $c = \frac{125}{4}\,.\,4 = 125$ Fuß.

2) Ein schwerer Körper fällt durch 100 Fuß Höhe frei herab; wie groß ist die von Anfang an verflossene Zeit t. und wie groß die erlangte Geschwindigkeit c?

Es ist $t = \sqrt{\frac{8}{125}\,.\,100} = 2{,}53$ Secunden, beinahe:

und $c = \sqrt{\frac{125}{2}\,.\,100} = 79{,}05\,\ldots$ Fuß

3) Ein schwerer Körper soll durch freien Fall eine Geschwindigkeit von 1000 Fußen erlangen. Welche Höhe h muß er herabfallen, und welche Zeit t ist dazu erforderlich?

Es ist $h = \frac{1000^2\,.\,2}{125} = 16000$ Fuß

und $t = \frac{4}{125}\,.\,1000 = 32$ Secunden.

§. 174.

Aufgabe. Es ist die Beschleunigung für den freien Fall, nemlich $g = \frac{125}{8}$ Fuße, ferner die Ueberwucht oder bewegende Kraft P und das Gewicht Q der von P bewegten Masse M gegeben; man soll durch g, P und Q die der beschleunigenden Kraft $\frac{P}{M}$ zugehörige Beschleunigung G ausdrücken.

Auflösung. Je mehr Kraft auf jeden Theil der bewegten Masse wirkt, desto schneller muß auch die Bewegung seyn, desto größer also auch der, in einer und derselben Zeit, durchlaufene Weg. Beziehen sich daher P′; Q′; M′; G′ eben so auf einander, wie P, Q, M, G, so hat man:

$$\frac{P}{M} : \frac{P'}{M'} = G : G'$$

Es ist aber M : M′ = Q : Q′ §. 164 und folglich auch:

$$\frac{P}{Q} : \frac{P'}{Q'} = G : G'.$$

Beim freien Fall ist die Uebergewucht dem Gewicht der bewegten Masse gleich; wenn also P′, Q′, M′, G′ auf den freien Fall bezogen werden, so hat man $P' = Q'$ also $\frac{P'}{Q'} = 1$ und $G' = g = \frac{125}{8}$;
folglich

$$\frac{P}{Q} : 1 = G : g$$

und hieraus

$$G = g\,\frac{P}{Q}.$$

Beispiel. Ueber eine um ihre horizontale Achse beweglichen Rolle ist ein Faden gelegt, der zu beiden Seiten lothrecht herabhängt; an der einen Seite ist an dem Faden ein Gewicht von 6 Pfunden, an der andern Seite eins von 9 Pfunden angehängt. Wenn nun das Gewicht des Fadens, seine Steifigkeit, das Gewicht der Rolle und die Reibung an ihren Zapfen beiseite gesetzt werden, wie groß ist dann die Beschleunigung G?

Hier ist $P = 9 - 6 = 3$ Pfund

$$Q = 9 + 6 = 15 \text{ Pfund}$$

also

$$G = \frac{125}{8} \cdot \frac{3}{15} = \frac{25}{8} = 3\,\frac{1}{8} \text{ Fuß.}$$

§. 175.

Aufgabe. Es ist die Ueberwucht P; das Gewicht Q der von ihr bewegten Masse und eine der 3 Größen: von Anfang der Bewegung an, verflossenen Zeit $= t$; während derselben durchlaufener Weg $= h$; im letzten Augenblick erlangte Geschwindigkeit c, gegeben; man soll dadurch die beiden andern bestimmen.

Auflösung. Man schreibe $g\,\frac{P}{Q}$ für G in die 6 Formeln §. 172. Die verlangten Resultate sind:

$$\text{I. } c = 2g\,\frac{P}{Q} \cdot t$$

$$\text{II. } t = \frac{cQ}{2gP}$$

$$\text{III. } h = g\,\frac{P}{Q}\,t^2$$

$$\text{VI. } t = \sqrt{\frac{hQ}{gP}}$$

$$\text{V. } h = \frac{c^2 Q}{4gP}$$

$$\text{VI. } c = 2\sqrt{g\frac{P}{Q}h}$$

in welchen Formeln g die Zahl $\frac{125}{8}$ bedeutet.

§. 176.

Beispiel. Ein schwerer Körper von Gewicht Q fällt frei (d. h. ohne Berücksichtigung des Widerstandes der Luft und der Reibung) auf einer schiefen Ebene herab, welche unter dem Winkel α gegen den Horizont geneigt ist, und es bezeichne T die Anzahl Secunden, während welcher er sich, von Anfang an, bewegt, H den auf der schiefen Ebene zurückgelegten Weg, C die erlangte Geschwindigkeit, und G die Beschleunigung. Ferner sollen, in Beziehung auf den freien lothrechten Fall t, h c, g ebenfalls Zeit, Weg, erlangte Geschwindigkeit und Beschleunigung ausdrüken. Man soll diese Größen untereinander vergleichen.

Es sey Fig 57. die Länge AD der schiefen Ebene $= a$; ihre Höhe $AB = b$, so ist die bewegende Kraft, welche das Gewicht Q die schiefe Ebene herab treibt $= Q \operatorname{Sin} \alpha$ (§. 106.) folglich

$$G = g\frac{Q \operatorname{Sin} a}{Q} = g \operatorname{Sin} \alpha = g\frac{b}{a}.$$

und hieraus

$$\text{I. } G : g = b : a$$

d. h. die Beschleunigung auf der schiefen Ebene verhält sich zu der beim freien Fall wie die Höhe der schiefen Ebene zu ihrer Länge.

Ferner ist

$$C = 2g\frac{b}{a}T \text{ und}$$

$$c = 2gt; \text{ also,}$$

wenn $T = t$ angenommen wird

$$\text{II. } C : c = b : a.$$

Dann hat man auch

$$H = g\frac{b}{a}T^2 \text{ und}$$

$$h = gt^2; \text{ also,}$$

für $T = t$;

$$\text{III. } H : h = b : a$$

und aus dieser Proportion erkennt man bald, die Richtigkeit des bekannten Galliläischen Gesetzes, daß der lothrechte Durchmesser eines Kreises und jede aus einem seiner Endpuncte gezogene Sehne, gleichzeitig durchlaufen werden.

Aus $H = g\frac{b}{a}T^2$

und $h = gt^2$;

wenn $H = a$ und $h = b$

angenommen wird, folgt auch

$$\frac{a^2}{b} = gT^2 \text{ und}$$

$$b = gt^2; \text{ und hieraus}$$

$$a^2 : b^2 = T^2 : t^2; \text{ oder}$$

$$\text{IV. } a : b = T : t$$

d. h. wenn ein schwerer Körper die Länge a der schiefen Ebene, ein anderer frei lothrecht fallend, die Höhe b derselben durchläuft, so verhalten sich diese durchlaufenen Wege wie die von Anfang an verflossenen Zeiten.

Endlich ist noch

$$C = 2\sqrt{g\frac{b}{a}\,.\,H} \text{ und}$$

$$c = 2\sqrt{gh}$$

Wird also $H = a$ und $h = b$ angenommen, so folgt

$$C = 2\sqrt{gb} \text{ und}$$

$$h = 2\sqrt{gb}\text{; und folglich ist}$$

$$V.\ C = c.$$

d. h. ein schwerer Körper erlangt dieselbe Geschwindigkeit, er mag die Länge der schiefen Ebene frei herabgleiten, oder ihre lothrechte Höhe frei herabfallen.

§. 177.

Aufgabe. Ein Körper vom Gewicht Q besitzt in dem Augenblick schon die Geschwindigkeit v, in welchen derselbe nach eben der Richtung, von einer absoluten, von nun an fortdauernd einwirkenden, Uebermucht P ergriffen wird. Welche Geschwindigkeit c wird derselbe nach Verlauf von t Secunden erlangt haben, und wie groß wird der während der Zeit t durchlaufene Raum h sein?

Auflösung. Man denke sich v vom Beginnen der Bewegung an, durch dieselbe bewegende Kraft P erzeugt, so ist die hiezu erforderliche Zeit

$= \frac{v\,Q}{2\,g\,P}$ (§. 175. II.) und der, während derselben durch laufene Weg $= \frac{v^2 Q}{4 g P}$ (§. 175. V.); und nun ist c die zur Zeit $\frac{vQ}{2gP} + t$ gehörige Endgeschwindigkeit, und h der Unterschied der Wege in den Zeiten $\frac{vQ}{2gP} + t$ und $\frac{vQ}{2gP}$; also, nach §. 175. I.

$$c = 2g\,\frac{P}{Q}\left(\frac{vQ}{2gP} + t\right)$$

oder

$$\text{I.}\quad c = v + 2g\,\frac{P}{Q}\,.\,t$$

und, nach §. 175. III.

$$h = g\,\frac{P}{Q}\left[\frac{vQ}{2gP} + t\right]^2 - g\,\frac{P}{Q}.\left(\frac{vQ}{2gP}\right)^2$$

oder

$$\text{II.}\quad h = vt + g\frac{Q}{P}\,.\,t^2.$$

§. 178.

Zusatz. Setzt man der Bequemlichkeit wegen G für $g\,\frac{P}{Q}$, so ergeben sich aus dem beiden Formeln in §. 177. noch folgende:

$$\text{III.}\quad v = c - 2Gt.$$

$$\text{IV.}\quad t = \frac{c - v}{2G}.$$

$$\text{V.}\quad v = \frac{h - Gt^2}{t}.$$

$$\text{VI.}\quad t = \frac{-v + \sqrt{v^2 + 4Gh}}{2G}$$

$$\text{VII.}\quad h = ct - Gt^2$$

$$\text{VIII.}\quad t = \frac{c - \sqrt{c^2 - 4Gh}}{2G}$$

$$\text{IX.}\quad h = \frac{c^2 - v^2}{4G}$$

$$\text{X.}\quad c = \sqrt{v^2 + 4Gh}$$

$$\text{XI.}\quad v = \sqrt{c^2 - 4Gh}$$

$$\text{XII.}\quad c = \frac{h + Gt^2}{t}$$

§. 179.

Beispiel. Ein schwerer Körper, vom Volumen V und dem specifischen Gewicht β also dem absoluten $P = V\beta\gamma$ fällt h Fuß hoch, frei lothrecht herab, auf die Oberfläche eines stillstehenden Wassers. Welche Zeit t ist hiezu erforderlich? wie groß ist die erlangte Geschwindigkeit v? nach wie viel Secunden x vom Augenblick des Treffens des Wasserspiegels an gerechnet, wird derselbe ohne Berücksichtigung des Widerstandes, welchen das Ausweichen des Wassers entgegengesetzt, c Fuß unter dem Wasserspiegel sich befinden? welche Geschwindigkeit y wird derselbe in letzten Augenblick dieser Bewegung unterm Wasser, besitzen?

$$\text{Es ist } t = \sqrt{\frac{h}{g}} \quad \text{§. 173. IV.}$$

$$\text{ferner } v = 2\sqrt{gh} \quad \text{§. 173. VI.}$$

da nun, unterm Wasser, die bewegende Kraft nur noch

$$= P - V\gamma = P - \frac{P}{\beta}$$

ist, so ist also, unterm Wasser

$$G = g\,\frac{P - \frac{P}{\beta}}{P} = g\,\frac{\beta - 1}{\beta};$$

folglich nach §. 178. VI.

$$x = \frac{-v + \sqrt{v^2 + 4G \cdot e}}{2G}$$

$$= \frac{-2\sqrt{gh} + \sqrt{4gh + 4g\frac{\beta - 1}{\beta}e}}{2g\frac{\beta - 1}{\beta}}$$

oder

$$x = \frac{-\sqrt{h} + \sqrt{h + \frac{\beta - 1}{\beta}e}}{\frac{\beta - 1}{\beta} \cdot \sqrt{g}}$$

und, nach §. 178. X.

$$y = \sqrt{v^2 + 4Ge}$$

$$= \sqrt{4gh + 4g\frac{\beta - 1}{\beta} \cdot e}$$

$$= 2\sqrt{g\left(h + \frac{\beta - 1}{\beta} \cdot e\right)}$$

Aus der letzten Formel folgt, daß $y = 0$ wird, wenn

$$\beta = \frac{e}{e + h} \text{ ist.}$$

Ist etwa $h = 250$ Fuß: $\beta = \frac{1}{3}$; so erhält man

$t = 4$ Secunden

$v = 125$ Fuß

Wird nun $e = 100$ Fuß genommen, so folgt

$x = 2 - \frac{2}{5} \cdot \sqrt{5} = 1,1056$ Sec.

$y = 25 \cdot \sqrt{5} = 55,9$ Fuße

Für $e = 125$ Fuß erhält man $x = 2$ Secunden; $y = 0$.

Drittes Capitel.

Von der gleichförmig verzögerten Bewegung.

---

§. 180.

Aufgabe. Ein Körper dessen Gewicht $= Q$ ist, besitzt eine Geschwindigkeit v und es wirkt von nun an eine absolute Kraft P als Ueberwucht auf ihn, und zwar nach der v gerade entgegengesetzten Richtung, so daß also Q von diesem Augenblick an, eine gleichförmig verzögerte Bewegung annehmen muß. Man soll die, von nun an, nach t Secunden, noch stattfindende Geschwindigkeit c und den während der Zeit t zurückgelegten Weg h bestimmen.

Auflösung. Ganz so, wie in §. 177., hat man hier

$$\text{I.}\quad c = v - 2Gt$$

$$= v - 2g\frac{P}{Q}t$$

$$\text{II.}\quad h = vt - Gt^2$$

$$= vt - g\frac{P}{Q}t^2.$$

§. 181.

Zusatz. Aus den beiden Formeln in vor. §. ergeben sich noch folgende:

$$\text{III.}\quad v = c + 2Gt.$$

$$\text{IV.}\quad t = \frac{v - c}{2G}.$$

$$\text{V.}\quad v = \frac{h + Gt^2}{t}.$$

$$\text{VI. } t = \frac{v - \sqrt{v^2 - 4Gh}}{2G}.$$

$$\text{VII. } h = ct + Gt^2.$$

$$\text{VIII. } t = \frac{-c + \sqrt{c^2 + 4Gh}}{2G}$$

$$\text{IX. } h = \frac{v^2 - c^2}{4G}$$

$$\text{X. } c = \sqrt{v^2 - 4Gh}$$

$$\text{XI. } v = \sqrt{c^2 + 4Gh}$$

$$\text{XII. } c = \frac{h - Gt^2}{t}.$$

§. 182.

Aufgabe. Ein Körper dessen Gewicht $= Q$ ist, besitzt eine Geschwindigkeit v, und es wirkt von nun an eine absolute Kraft P als Ueberwucht auf ihn, und zwar nach der, v gerade entgegesetzten Richtung, so daß also Q von diesem Augenblick an, eine gleichförmig verzögerte Bewegung annehmen muß. Nach wie viel Secunden $= t$ wird die anfängliche Geschwindigkeit v gänzlich vernichtet sein, und welchen Weg h wird während dieser Zeit der Körper durchlaufen haben?

Auflösung. Man setze $c = 0$; so ergiebt sich aus §. 181. III.

$$\text{I. } v = 2Gt = 2g\frac{P}{Q}t$$

und aus §. 181. IX.

$$\text{II. } h = \frac{v^2}{4G} = \frac{v^2 Q}{4gP}.$$

§. 183.

Zusatz. Setzt man den Werth für v aus I. in II., so entsteht

$$\text{III. } h = g \frac{P}{Q} t^2$$

und aus diesen 3 Formeln

$$\text{I. } v = 2g \frac{P}{Q} t$$

$$\text{II. } h = \frac{v^2 Q}{4gP}$$

$$\text{III. } h = g \frac{P}{Q} t^2$$

ergeben sich noch durch Entwickelung

$$\text{IV. } t = \frac{vQ}{2gP}$$

$$\text{V. } v = 2\sqrt{g \frac{P}{Q} h}$$

$$\text{VI. } t = \sqrt{\frac{hQ}{gP}}$$

welche 6 Formeln, für die ganze Dauer der gleichförmig verzögerten Bewegung gültig, mit denen 6 in §. 175. für die gleichförmig beschleunigte Bewegung, vollkommen übereinstimmen.

§. 184.

Zusatz. Wird ein schwerer Körper, mit der anfänglichen Geschwindigkeit v, lothrecht in die Höhe geworfen, so nimmt derselbe, wegen Gegenwirkung der Schwere eine gleichförmig verzögerte Bewegung an, und will man die 12 Formeln §. 180. und 181., so wie die 6 in §. 182. und 183. für diese Bewegung anwenden, so muß man $g = \frac{125}{8}$ für G oder 1 für $\frac{P}{Q}$ in dieselben setzen.

§. 185.

Beispiele. I. Ein schwerer Körper wird mit einer anfänglichen Geschwindigkeit von 800 Fuß lothrecht in die Höhe geworfen. Nach wie viel Secunden t befindet sich derselbe im höchsten Punct seines Steigens? wie hoch h steigt er überhaupt? und nach wie viel Secunden x befindet er sich 1200 Fuß über dem Auswerfungspunct?

Es ist, nach §. 183. IV.

$$t = \frac{800}{2 \cdot \frac{125}{8}} = 25{,}6 \text{ Secunden}$$

und nach §. 183. II.

$$h = \frac{800^2}{4 \cdot \frac{125}{8}} = 10240 \text{ Fuß}$$

ferner, nach §. 181. VI.

$$x = \frac{800 - \sqrt{800^2 - 4 \cdot \frac{125}{8} \cdot 1200}}{2 \cdot \frac{125}{8}}$$

$= 1{,}546$ Secunden.

II. Ein Körper von 300 Pfund Gewicht, bewegt sich mit einer anfänglichen Geschwindigkeit von 30 Fuß auf einer horizontalen Ebene. Wenn nun für die stattfindende Reibung, der Coefficient $\mu = \frac{1}{5}$ ist, wie viel Secunden t dauert dann überhaupt die entstehende gleichförmig verzögerte Bewegung? welcher Weg h wird im Ganzen durchlaufen? und welcher Weg x wird in den ersten 2 Secunden zurückgelegt? Hier ist $P = \mu . 300 = 60$;

$$Q = 300; \text{ also } G = \frac{125}{8} . \frac{60}{300} = \frac{25}{8};$$

folglich

$$t = \frac{30}{2 . \frac{25}{8}} = 4{,}8 \text{ Secunden.}$$

$$h = \frac{30^2}{4 . \frac{25}{8}} = 72 \text{ Fuß}$$

$$x = 30 . 2 - \frac{25}{8} . 2^2 = 47{,} 5 \text{ Fuß.}$$

Viertes Capitel.

Vom Stoß.

§. 186.

Erklär. Trift ein Körper, welcher in Bewegung ist, einen andern in Ruhe oder in Bewegung befindlichen Körper dergestalt, daß die Richtungen, in welchen sich die Schwerpuncte beider Körper befinden, in einer geraden Linie liegen, und zugleich die aneinander stoßenden Flächen auf dieser Linie normal sind, so sagt man: der Stoß ist gerade oder central, außerdem schief oder excentrisch.

Die stoßenden Körper sind entweder hart, wenn

sich ihre Gestalt durch die Einwirkung nicht ändert; weich, wenn sie eine andere Gestalt annehmen und behalten: elastisch, wenn sich die Gestalt ändert, aber wieder hergestellt. Hier ist nur von harten Körpern die Rede.

§. 187.

Lehrsatz. Das Product aus dem Gewicht Q einer bewegten Masse M in die Geschwindigkeit C, womit sie einen andern Körper central trift, bestimmt die Größe des Stoßes E in Beziehung auf denjenigen Centralstoß e als Einheit, welchen eine Masse, deren Gewicht = 1 und deren Geschwindigkeit = 1 ist, auf einen ruhenden Körper äußert.

Beweis. Die Größe des Stoßes ist abhängig, von der Menge materieller Theile des stoßenden Körpers und von der Geschwindigkeit, womit er den andern Körper trift. Beziehen sich also Q'; M'; C'; E' eben so auf einander wie Q, M, C, E, so hat man

$$E : E' = MC : M'C'.$$

Es ist aber $M : M' = Q : Q'$; also auch

$$E : E' = QC : Q'C'.$$

Ist nun $Q' = 1$; $C' = 1$; also $E' = e =$ der Einheit des Stoßes, so erhält man $E = QC$ solche Einheiten.

§. 188.

Erklär. Das Product QC, oder auch das MC als Maaß für die Größe des Stoßes wird: das Bewegungsvermögen des Körpers, oder auch: die Größe seiner Bewegung, genannt.

§. 189.

Aufgabe. Ein Körper, dessen Gewicht = Q und dessen Geschwindigkeit = c ist, trift einen andern vom Gewicht R und der Geschwindigkeit v central; man soll die Größe der Geschwindigkeit x bestimmen, mit welcher sich beide Körper vereint, nach dem Stoße fortbewegen werden.

Auflösung. Die Summe der Bewegungsvermögen vor dem Stoß ist = Qc + Rv. Nach dem Stoß ist das Bewegungsvermögen beider = (Q + R)x. Da nun durch den Stoß wohl Geschwindigkeit, aber nicht Bewegungsvermögen verlohren geht, so ist also

$$Qc + Rv = (Q + R)\,x$$

folglich $x = \frac{Qc + Rv}{Q + R}$

§. 190.

Zusatz. Ist v = 0; so hat man

$$x = \frac{Qc}{Q + R}$$

Ist v negativ, etwa = — w; so ist

$$x = \frac{Qc - Rv}{Q + R}$$

§. 191.

Aufgabe. Ein Rammbär vom Gewicht P fällt h Fuß hoch herab, und trift einen Pfahl vom Gewicht Q welcher in Erfolg dieses einen Schlags, e Fuß tiefer in die Erde dringt. Man soll durch diese Größen den Widerstand R bestimmen, mit welchen die den Pfahl umgebende Erde jetzt dem Eindringen widersteht.

Auflösung. Die Geschwindigkeit c, womit der Bär den Pfahl trift, ist $= 2\sqrt{gh}$ folglich die Geschwindigkeit v womit Bär und Pfahl nach erfolgten Stoß die Bewegung fortzusetzen sich bestreben, nach §. 190. $= \frac{P \cdot 2\sqrt{gh}}{P + Q}$.

Der Widerstand R vernichtet aber, während dem P + Q den Weg e durchlaufen, diese Geschwindigkeit v, und es ist also nach §. 183. V.

$$v = 2\sqrt{g \frac{R}{P + Q} \cdot e.}$$

Setzt man beide Werthe für v einander gleich, so entsteht

$$\frac{P \cdot 2\sqrt{gh}}{P + Q} = 2\sqrt{g \frac{R}{P + Q} e}$$

und hieraus

$$R = \frac{h}{e} \cdot \frac{P^2}{P + Q}$$

§. 192.

Zusatz. Bezeichnet W die Last, welche der Bär soll tragen können, so verfährt man sicher, W bedeutend kleiner als R, etwa $W = \frac{1}{16} R$ anzunehmen, und hat dann $16\,W = \frac{h}{e} \cdot \frac{P^2}{P + Q}$

Ist etwa W gegeben, und soll e bestimmt werden, so ergiebt sich $e = \frac{h}{16\,W} \cdot \frac{P^2}{P + Q}$.

Beispiel. Ein Pfahl von 800 Pfund Gewicht soll eine Mauer von 16 Quadratfuß Grundfläche und

20 Fuß Höhe, einer Materie, tragen, von welcher der Cubicfuß 100 Pfund wiegt. Wenn nun dieser Pfahl durch einen Rammbären von 400 Pfund, bei 5 Fuß Fallhöhe eingerammt wird; wie tief darf derselbe auf den letzten Schlag höchstens noch einsinken, um die erwähnte Last mit Sicherheit tragen zu können?

Hier ist $h = 5$; $W = 16 . 20 . 100$

$P = 400$; $Q = 800$; also

$$e = \frac{5 .}{16 . 16 . 20 . 100} \cdot \frac{400^2}{400 + 800} = \frac{1}{768} \text{ Fuß}$$

$$= \frac{1}{64} \text{ Zoll.}$$

Auf die letzte Hitze von 16 Schlägen darf also derselbe nur noch $16 . \frac{1}{64}$ Zoll $= \frac{1}{4}$ Zoll $= 3$ Linien tief eindringen.

Fünftes Capitel.

Von der Flieh-Kraft und der Reduction der Massen.

---

§. 193.

Erklärung. Bewegt sich eine Masse M in der Peripherie eines Kreises, so hat sie in jedem Augenblick, ihrem Beharrungsvermögen zufolge, das Bestreben, der Richtung der jedesmaligen Tangente zufolge, sich also vom Mittelpunct des Kreises zu entfernen, und dieses Bestreben nach der Richtung des Halbmessers sich vom Mittelpunct zu entfernen, heißt die Centriugalkraft oder Fliehkraft. Die gleich große Thätigkeit, welche nach der Richtung des Halbmessers entgegengesetzt im Mittelpunct des Kreises wirken muß, damit die Masse M sich nicht vom Mittelpunct entfernt, sondern ihre Bewegung in der Peripherie fortsetzt, heißt die Centripetalkraft.

§. 194.

Aufgabe. Es bezeichne Q das Gewicht eines materiellen Punctes M; (welches Gewicht hier aber durch eine anderweitige Thätigkeit als aufgehoben angesehen werden muß) c die Geschwindigkeit womit sich M in der Peripherie eines Kreises fortbewegt; r den Halbmesser dieses Kreises; man soll die im Mittelpunct des Kreises nothwendige Centripetalkraft P bestimmen, um M in der Peripherie zu erhalten.

Auflösung. Ist M jetzt in a Fig. 58., so würde in der nächstfolgenden unendlich kleinen Zeit t, wenn P im Mittelpunct g nach der Richtung ag, nicht wirkte, M nach der Richtung der Tangente, den Weg $ab = c \cdot t$ zurücklegen. Wirkt aber P in der erforderlichen Größe, so durchlauft M in dieser Zeit t, den Weg $af = ct$ in der Peripherie des Kreises, und die Thätigkeit von P muß also darinnen bestehen, daß sie durch fortdauernde Einwirkung die Masse M vom Gewicht Q in der Zeit t durch den Weg bf führt.

Diese Bedingung wird nach §. 175. III. durch die Gleichung $bf = g \frac{P}{Q} \cdot t^2$ ausgedrückt.

Da nun t unendlich klein gedacht wird, so können die Tangente a b und der gleich große Bogen $af = c\,t$ als zu einem und demselben Mittelpunctswinkel gehörig angesehen werden, und es verhält sich daher

$$fb : ab = ab : 2r + bf$$

wo bf als unendlich klein, gegen 2r verschwindet, so daß also

$$fb : ab = ab\ 2r \text{ und folglich}$$

$$bf = \frac{(ab)^2}{2r} = \frac{c^2\,t^2}{2r}$$

zu setzen ist. Werden nun die beiden Werthe für bf einander gleichgesetzt, so entsteht

$$g\,\frac{P}{Q}\,t^2 = \frac{c^2\,t^2}{2r} \text{ und hieraus}$$

$$P = \frac{c^2\,Q}{2gr}.$$

§. 195.

Beispiel. Die lothrechte Linie pm Fig. 59 drehe sich um sich selbst, dergestalt, daß sie in jeder Secunde n Umdrehungen macht. In f sei vermittelst eines Fadens $pf = a$, ein schwerer Punct f vom Gewicht Q angehangen, der Faden sei um d beweglich. Unter welchen Winkel x mit der Verticallinie pm wird Q fürs Gleichgewicht während der Bewegung den Faden erhalten?

Die Geschwindigkeit des Körpers vom Gewicht Q ist $= n \,.\, 2a \operatorname{Sin} x \,.\, \pi$; folglich die Centrifugalkraft nach der horizontalen Richtung fk

$$= \frac{(n \,.\, 2a \operatorname{Sin} x \,.\, \pi)^2 \,.\, Q}{2g \,.\, a \operatorname{Sin} x}$$

$$= \frac{2n^2\,\pi^2\, a \operatorname{Sin} x \,.\, Q}{g}$$

ferner die lothrechte Wirkung nach der Richtung $fg = Q$, und da beide durch den Faden im Gleichgewicht erhalten werden, so ist nach dem Parallelogramm der Kräfte

$$Q \tan x = \frac{2 n^2 \pi^2 a \sin x \,.\, Q}{g}; \text{ also}$$

$$\cos x = \frac{g}{2 a \pi^2 n^2}.$$

§. 196.

Aufgabe. In irgend einem Punct A eines festen Systems befindet sich eine Masse M vom Gewicht Q, in irgend einen andern Punct F desselben wirkt eine Kraft P; die Puncte A und F liegen so, daß wenn F die Geschwindigkeit w annimmt, dann A die c hat. Wenn nun M aus A weggenommen, und dafür in einen andern Punct B, welcher so liegt, daß B die Geschwindigkeit v erhält, wenn F die w annimmt, eine Masse N vom Gewicht x hingelegt wird, wie groß muß dann x sein, damit der Erfolg derselbe bleibt, d. h. damit der Punct F dieselbe Geschwindigkeit w annimmt, es mag Q in A oder x in B liegen.

Auflösung. I. Liegt die Masse M vom Gewicht Q in A, (welches Gewicht hier aber durch eine anderweitige Thätigkeit als aufgehoben angesehen werden muß); aber x noch nicht in B, so ist nach dem Cartesischen Grundsatz, der Widerstand, welcher in A mit der Kraft P in F, Gleichgewicht erhalten würde $= \frac{P \,.\, w}{c}$; und so groß ist also die auf Q wirkende Ueberwucht, folglich die Beschleunigung des Punctes A gleich $g \frac{P \frac{w}{c}}{Q} = \frac{g P w}{Q c}$, und daher die des Punctes F

$$= \frac{w}{c} \cdot \frac{g P w}{Q c} = \frac{g P w^2}{Q c^2}.$$

2) Liegt die Masse N vom Gewicht x in B, (welches Gewicht hier aber durch eine anderweitige Thätigkeit als aufgehoben angesehen werden muß) aber Q nicht in A, so ist eben so bestimmt, die auf x wirkende Ueberwucht, $= \frac{P w}{v}$, für dasselbe w, der Bedingung gemäß, verstanden; also die Beschleunigung des Punctes B $= g \frac{P \frac{w}{v}}{x} = \frac{g P w}{x v}$; und folglich die des Punctes F $= \frac{w}{v} \cdot \frac{g P w}{x v} = \frac{g P w^2}{x \cdot v^2}$.

Aus 1) und 2) folgt

$$\frac{g P w^2}{Q c^2} = \frac{g P w^2}{x \cdot v^2} \text{ und hieraus}$$

$$x \cdot v^2 = Q \cdot c^2; \text{ also}$$

$$x = \frac{Q c^2}{v^2}.$$

§. 197.

Zusatz. Ist von drehender Bewegung die Rede, und bezeichnet a die Entfernung des Punctes A; b die des Punctes B von der Drehachse, so ist

$$c : v = a : b; \text{ also auch}$$

$$c^2 : v^2 = a^2 : b^2.$$

Nach §. 196. war aber

$$x : Q = c^2 : v^2 \text{ und folglich hat man auch}$$

$$x : Q = a^2 : b^2; \text{ oder}$$
$$x \cdot b^2 = Q \cdot a^2$$

§. 198.

Erklärung. Das Product aus dem Gewicht einer Masse in das Quadrat ihrer Geschwindigkeit, oder auch in das Quadrat ihrer Entfernung von der Drehachse, heißt: das Moment der Trägheit dieser Masse.

Zwey Massen haben also einerlei Einfluß auf die Größe einer entstehenden Bewegung, wenn die Momente ihrer Trägheit gleich groß sind, und nach diesen Gesetz lassen sich Massen eben so durch die Momente der Trägheit reduciren, wie Kräfte durch statische Momente.

Wirkt z. B. in einem Punct A ein Widerstand von der Größe Q am Hebelsarm a, so ist der gleichgültige Widerstand in einem andern Punct B, am Hebelsarm b in Beziehung auf dieselbe Drehachse, $= \frac{Qa}{b}$.

Bezeichnet aber Q das Gewicht einer todten Masse, so daß Q nicht als eine widerstehende Kraft anzusehen ist, so ist das Gewicht einer gleichgültigen Masse in B $= \frac{Qa^2}{b^2}$.

Die Formeln bleiben dieselben, ob a und b die Entfernungen von einer statt findenden Drehachse, oder die gleichzeitigen Wege der Puncte A und B, d. h. die Geschwindigkeiten dieser Puncte, bezeichnen.

§. 199.

Aufgabe. Das Moment der Trägheit K eines normalen Cylinders in Beziehung auf seine Achse zu bestimmen.

Auflösung. Der Halbmesser der Grundebene des Cylinders sei $= r$ Fuße, seine Höhe $= h$ Fuße; das Gewicht eines Cubicfußes seiner Materie $= p$.

1) Man denke sich r in eine unendliche Menge n, gleiche Theilchen $= e$ getheit, so daß also $n \cdot e = r$ ist; und dann die concentrischen Cylinder-Mäntel zu den Halbmessern e, $2e$, $3e$, u. s. w. gebildet, so ist das Gewicht der Masse des Cylinders zum Halbmesser $e = e^2 \pi . hp$; das Gewicht der Masse des hohlen Cylinders, den Halbmesser $2e$ und e zugehörig $= (2e)^2 \pi hp - e^2 \pi hp = 3e^2 \pi hp$; das Gewicht der Masse des hohlen Cylinders, den Halbmessern $3e$ und $2e$ zugehörig

$$= (3e)^2 \pi hp - (2e)^2 \pi hp = 5e^2 \pi hp;$$

das des folgenden

$$= [(4e)^2 - (3e)^2] \pi hp = 7e^2 \pi hp \text{ u. s. w.}$$

endlich das des letzten

$$= \Big[(ne)^2 - [(n-1)e]^2\Big] \pi hp = (2n-1) e \pi hp$$

2) Da e unendlich klein ist, so kann man die Masse des ersten vollen Cylinders, im Mantel zum Halbmesser $\frac{e}{2}$; die Masse, des ersten hohlen Cylinders im Mantel zum Halbmesser $\frac{3e}{2}$; die Masse des folgenden hohlen Cylinders im Mantel zum Halbmesser $\frac{5e}{2}$ u. s. w.

endlich die Masse des letzten hohlen Cylinders im Mantel zum Halbmesser $\frac{(2n-1)e}{2}$ als vereint ansehen.

3. Nach 1; und 2; hat man dann das Moment K der Trägheit des ganzen Cylinders

$$= e^2 \pi h p . \left(\frac{e}{2}\right)^2 + 3e^2 \pi hp . \left(\frac{3e}{2}\right)^2 + 5e^2 \pi hp \left(\frac{5e}{2}\right)^2$$

$$+ 7e^2 \pi h p \cdot \left(\frac{7e}{2}\right)^2 + .. + (2n-1) e^2 \pi hq \left[\frac{(2n-1)e}{2}\right]^2$$

$$= \frac{e^4}{4} \pi h'p \, [1 + 3^3 + 5^3 + 7^3 + ... + (2n-1)^3]$$

4. Es ist aber nach der Lehre von den arithmetischen höhern Progressionen (siehe meine Arithmetik rc.) hier

$$x_1 = 1; \; d' x_1 = 26; \; d^2 x_1 = 72;$$
$$d^3 x_1 = 48; \text{ also}$$
$$1 + 3^3 + 5^3 + ... + (2n-1)^3 =$$
$$n . 1 + n_2 . 26 + n_3 . 72 + n_4 . 48$$
$$= n^2 . (2n^2 - 1);$$

folglich

$$K = \frac{e^4}{4} \pi h p . n^2 . (2n^2 - 1)$$

Nun ist aber $n . e = r$; also

$$e = \frac{r}{n} \text{ daher}$$

$$K = \frac{r^4}{4} \pi h p . \frac{2n^2 - 1}{n^2}; \text{ oder}$$

$$K = \frac{r^4}{4} \pi h p . \left(2 - \frac{1}{n^2}\right);$$ also weil $n =$ unendlich groß, folglich $\frac{1}{n^2} =$ Null ist,

K =

$$K = \frac{r^4}{4}\pi h p \,.\, 2 \text{ oder auch}$$

$$K = \tfrac{1}{2} r^4 \pi h p$$

§. 200.

Zusatz. Reducirt man die gesammte Masse in den Mantel des Cylinders, so erhält man $\frac{K}{r^2} = \frac{1}{2} r^2 \pi h p$ oder, wenn Q das ganze Gewicht des Cylinders ausdrückt, seine in den Mantel reducirte Masse $= \frac{1}{2}$ Q, welches Gesetz leicht in Worte zu übertragen ist.

§. 201.

Beispiel. Die Höhe eines normalen Cylinders sei $= 2$ Fuße; der Halbmesser seiner Grundebene $= 1\frac{3}{4}$ Fuße; jeder Cubicfuß seiner Materie wiege 160 Pfund; derselbe ist um seine lothrechte Achse beweglich und die Halbmesser der Zapfen dieser Achse sind $= \frac{1}{2}$ Zoll. Wenn nun um den Mantel desselben ein Seil gelegt wird, welches horizontal über eine Rolle geleitet ist, und dann lothrecht herab hängt; wie groß muß ein anzuhängendes Gewicht x sein, um den Cylinder in der ersten Minute 210 mal um seine Achse zu drehen?

Das Gewicht des Cylinders ist $= (\frac{7}{4})^2 \pi \,.\, 2 \,.\, 160$; also die Reibung an der Grundebene des Zapfens, $\mu = \frac{1}{5}$ angenommen

$$\tfrac{1}{5} \,.\, (\tfrac{7}{4})^2 \,.\, \pi \,.\, 2 \,.\, 160 = 4 \,.\, 49 \,.\, \pi$$

und dieser Widerstand in den Mantel des Cylinders reducirt

$$= \frac{\frac{2}{3} \cdot \frac{1}{24} \cdot 4 \cdot 49 \cdot \pi}{2} = 8{,}5 \text{ Pfund.}$$

M

Wenn nun die übrige Reibung, nebst Steifheit des Seils außer Betracht gelassen wird, so hat man die thätige Ueberwucht im Mantel $= x - 8{,}5$; und die eben dahin reducirte Masse

$$= x + \tfrac{1}{2} \cdot (\tfrac{7}{4})^2 \cdot \pi \cdot 2 \cdot 160$$
$$= x + 1540.$$

Es ist aber, der in den ersten 60 Secunden zurückzulegende Weg dieser Stelle $= 210 \cdot 2 \cdot 2\pi = 2640$ Fuß; folglich nach der Formel

$$h = g \frac{P}{Q} t^2; \text{ hier}$$

$$2640 = \frac{125}{8} \cdot \frac{x - 8{,}5}{x + 1540} \cdot 60^2$$

und aus dieser Gleichung folgt:

$$x = 84{,}7 \text{ Pfund.}$$

Sechstes Capitel.

Vom Pendel.

§. 202.

Erklärung. Wird ein Faden oder eine Stange an einem festen Punct so aufgehangen, daß Drehung um ihn erfolgen kann, und am andern Ende des Fadens oder der Stange ein Gewicht befestigt, so heißt diese Verbindung ein Pendel. Das Pendel heißt einfach, wenn der Faden oder die Stange als gewichtlos und der daran befestigte Körper als ein schwerer Punct zu betrachten ist, sonst zusammengesetzt.

Erhebt man den Körper, doch so, daß seine Entfernung vom Drehpunct, die Länge des Pendels, dieselbe bleibt, und überläßt ihn dann frei der Einwirkung der Schwere, so wird er, alle Hindernisse als beseitigt angesehen, fortdauernd immer zur ersten Höhe steigen, und wieder sinken, und jeder Hingang, so wie jeder Hergang des Gewichts heißt ein Schwung oder Pendelschlag. Die größte Abweichung des Fadens oder der Stange von der Verticallinie heißt der Erhebungswinkel.

§. 203.

Aufgabe. Es bezeichne r die Länge des einfachen Pendels; α den Erhebungswinkel; man soll die Zeit t eines Schwungs bestimmen.

Auflösung. Ist α nicht größer wie etwa 15 Grad, so kann man, wie durch höhere Analysis zu bestimmen ist, mit hinreichender Genauigkeit

$$t = \frac{\pi}{\sqrt{2g}} . \sqrt{r} \text{ setzen.}$$

§. 204.

Zusatz. Mit Hülfe des Pendels hat man $g = 15\frac{5}{8}$ Fuße gefunden. Die Länge des einfachen Secundenpendels ist also für unsern Gegenden 3 Fuß 2 Zoll Rheinl.

Zweite Abtheilung.

Die Hydraulik.

Erstes Capitel.

Wassermengen-Bestimmungen.

§. 205.

Aufgabe.

Normal durch einen Querschnitt von a Quadratfußen fließt Wasser mit einer Geschwindigkeit von c Fußen; man soll die in jeder Secunde durchfließende Wassermenge M bestimmen.

Auflösung. Die in jeder Secunde durchfließende Wassermenge erscheint als ein prismatischer Körper, dessen Grundebene = a und dessen Höhe = c; dessen Volumen also a c Cubicfuße groß ist. Man hat daher M = a c.

§. 206.

Aufgabe. Im horizontalen Boden eines mit Wasser gefüllten, und immer gleich voll erhaltenen Gefäßes befindet sich eine Oeffnung von a

Quadratfußen. Die unveränderliche Höhe des Wasserspiegels über a sei $= h$; man soll die Geschwindigkeit c womit das Wasser ausfließt und die Wassermenge M in jeder Secunde, bestimmen.

Auflösung. In dem ersten Augenblick der Eröfnung des Raums a hat die erste ausfließende Wasserschicht nicht gleich die Geschwindigkeit c, womit nachher alle folgenden sich durch a bewegen, sondern sie wird einen, wenn auch äußerst kleinen Weg b zurücklegen müssen, ehe sie diese Geschwindigkeit c erlangt. Es ist daher das Gewicht der Masse, welcher während Durchlaufung des Wegs b die Geschwindigkeit c mitgetheilt wird, $= a b \gamma$ (unter γ das Gewicht eines Cubicfußes Wasser verstanden) und die Ueberwucht, welche auf diese Masse wirkt $= a h \gamma$ folglich nach der Formel

$$c^2 = 4 g \frac{P}{Q} . h \text{ §. 175. VI.}$$

$$\text{hier } c^2 = 4 g \frac{a h \gamma}{a b \gamma} . b; \text{ oder}$$

$$\text{I.} \quad c = 2 \sqrt{gh} = 7{,}9 . \sqrt{h}$$

d. h. die Geschwindigkeit des Ausflusses bei einer Druckhöhe h ist eben dieselbe, welche durch den freien Fall von der Höhe h erlangt wird.

Nach der Formel §. 205.

$M = a c$ hat man also nun hier:

$$\text{II.} \quad M = 7{,}9 . a . \sqrt{h}$$

§. 207.

Zusatz. Befindet sich die Ordnung a nicht im horizontalen Boden, sondern in einer Seitenwand des Gefäßes, so kann man in allen den Fällen wo a nicht sehr groß ist, die Formeln I. und II. im vor. §. beibehalten, wenn man h die Entfernung vom Wasserspiegel bis zum Schwerpunct von a, (welche Entfernung die Druckhöhe, oder die Geschwindigkeitshöhe genannt wird) versteht.

Daß übrigens diese Bestimmungsweise von c und M nicht vollkommen richtig, aber doch sehr annährend ist, erhellet aus §. 211.

§. 208.

Zusatz. Da, bei einer Oefnung a im horizontalen Boden, auch das, dem Wasserprismen $ah\gamma$ zur Seite stehende Wasser, einen horizontalen Druck auf dasselbe äußert, und diesem zufolge sich mit unter das ausfließende Wasser drängt, so wird die Richtung des ausfließenden Wassers, von der auf a normalen Richtung abgelenkt, so daß nothwendig eine Verminderung der normalen Geschwindigkeit erfolgen muß, also

$c < 7{,}9 \, . \, \sqrt{h}$ und folglich auch

$M < 7{,}9 \, . \, a \, . \, \sqrt{h}$ sein wird. Eine ähnliche Verminderung findet ebenfalls statt, wenn a sich in einer Seitenwand befindet. Für den Coefficienten 7,9 muß also in der Anwendung ein anderer kleinerer genommen werden, welcher Contractionskoefficient heißt, und durch α ausgedrückt werden soll.

Man hat daher

$$\text{I.}\quad c = \alpha \sqrt{h}$$

$$\text{II.}\quad M = \alpha a \sqrt{h}.$$

Die am häufigsten vorkommenden Werthe für α, durch Beobachtungen von Eytelwein bestimmt, enthält folgende Tabelle.

Für Oeffnungen in dünnen Wänden ist $\alpha = 4{,}89$

Für Schutzöffnungen ohne Flügelwände ist $\alpha = 5$.

Für kurze Ansatzröhren ist . . . . $\alpha = 6{,}42$.

Für schmale Gewinne, Schützöffnungen mit Flügelwänden. Steile Einbaue. Gerade Brückenpfeiler ist . . $\alpha = 6{,}76$.

Für beiden Gewinne, Freischleusen mit Flügelwänden. Schräge Einbaue. Spitze Brückenpfeiler ist . . . . $\alpha = 7{,}54$.

Man nennt $2\sqrt{gh}$ oder $7{,}9 \cdot \sqrt{h}$ die Hypothetische; $\alpha \sqrt{h}$ aber die wirkliche Geschwindigkeit.

§. 209.

Erklärung. Bei einem Querschnitt in einer nicht horizontalen Lage fließt das Wasser in den verschiedenen Puncten desselben, auch mit zum Theil verschiedenen Geschwindigkeiten aus, und man versteht unter mittlerer Geschwindigkeit diejenige: bei welcher, wenn sie in allen Puncten des Querschnitts des fließenden Wassers statt fände, eben so viel Wasser in derselben Zeit ausfließen würde als bei den verschiedenen statt findenden Geschwindigkeiten, wirklich ausfließt. Die dieser mittleren Geschwindigkeit zugehörige Höhe heißt die **Druckhöhe** oder auch **Geschwindigkeitshöhe**.

Für solche Fälle wie in §. 207. erwähnt worden, ist also die Entfernung vom Wasserspiegel bis zum Schwerpunct der Oeffnung, näherungsweise als die der mittleren Geschwindigkeit zugehörige Höhe anzusehen, und sie ergiebt sich nach I. §. 208., nemlich

$$\text{III.}\quad h = \frac{c^2}{\alpha^2}.$$

Die Entfernung vom Wasserspiegel bis zum tiefsten Punct einer Seitenöffnung heißt **Wasserstand**.

§. 210.

Aufgabe. In der verticalen Seitenwand eines Gefäßes, welches beständig gleich hoch voll Wasser erhalten wird, befindet sich eine rechtwinklichte bis an den Wasserspiegel reichenden Oeffnung, mit horizontalen und verticalen Seiten. Die Breite derselben sei $= b$ Fuße; die Höhe derselben, oder der Wasserstand sei $= h$ Fuße. Man soll die in jeder Secunde ausfließende Wassermenge M bestimmen.

Auflösung. Es sei ABCD Fig. 60 die Oeffnung; $AB = DC = h$; $AD = BC = b$; Man denke sich eine unendliche kleine Linie e, und durch horizontale Linien von oben herab, die ganze Ebene ABCD in eine unendlich große Anzahl $= n$ verschieden hoher Streifen abgetheilt, dargestellt,

daß der erste AGHD die Höhe 2e
der zweite GPQH die Höhe 4e
der dritte die Höhe 6e
u. s. w.

endlich der nte die Höhe 2ne
erhält; dann ist

$$2e + 4e + \ldots + 2ne = h \text{ oder}$$

nach der Lehre von den arithmetischen Proportionen

$$n(n+1) \cdot e = h.$$

Nun betrachte man im ersten Streifen AGHD, die Mittellinie EF als diejenige in welcher das Wasser mit der dem Streifen AGHD zugehörigen mittleren Geschwindigkeit ausfließt, so ist diese

$$= \alpha \sqrt{e}$$

der Querschnitt $= 2e \cdot b$; folglich die durch AGHD fließende Wassermenge

$$= 2eb \cdot \alpha \sqrt{e}.$$

Eben so betrachte man im zweiten Streifen GPQH, die Mittellinie LM als den Ort der mittleren Geschwindigkeit für das durch GPQH fließende Wasser, so ist die Geschwindigkeitshöhe $= 4e$; die mittlere Geschwindigkeit $= \alpha \cdot \sqrt{4e} = 2\alpha \sqrt{e}$; der Querschnitt $= 4eb$; also die durch GPQH fließende Wassermenge $= 4eb \cdot 2\alpha\sqrt{e}$. Für den dritten Streifen von der Höhe 6e hat man eben so:

die Geschwindigkeitshöhe $= 9e$
die mittlere Geschwindigkeit $= \alpha \sqrt{9e} = 3\alpha\sqrt{e}$
den Querschnitt $= 6eb$;
die Wassermenge $= 6eb \cdot 3\alpha\sqrt{e}$.

u. s. w.

Endlich für den nten Streifen von der Höhe 2ne
die Geschwindigkeitshöhe $= n^2 \cdot e$

die mittlere Geschwindigkeit $= \alpha \sqrt{n^2 e} = \alpha n \sqrt{e}$
den Querschnitt $= 2neb$; und
die Wassermenge $= 2neb \,.\, \alpha n \sqrt{e}$.

Addirt man alle diese Wassermengen so entsteht

$$M = 2eb\alpha \,.\, \sqrt{e} + 4eb\,2\alpha\sqrt{e} + 6eb\,3\alpha\sqrt{e} + \ldots + 2neb \,.\, n\alpha\sqrt{e}; \text{ oder}$$

$$M = 2be\alpha\sqrt{e}\,[1 + 4 + 9 + \ldots + n^2]$$

Es ist aber $1 + 4 + 9 + \ldots + n^2$

$$= \frac{n(n+1)\,.\,(2n+1)}{6}; \text{ also}$$

$$M = \tfrac{1}{3}\, be\alpha\sqrt{e} \,.\, n(n+1)(2n+1)$$

oder, weil $n(n+1)e = h$ ist,

$$M = \tfrac{1}{3}\,\alpha bh(2n+1) \,.\, \sqrt{\frac{h}{n(n+1)}}$$

Es ist aber $(2n+1) \,.\, \sqrt{\frac{1}{n(n+1)}}$

$$= \sqrt{\frac{(2n+1)^2}{n(n+n)}} = \sqrt{\frac{\left(2+\frac{1}{n}\right)^2}{1+\frac{1}{n}}}$$

oder, weil n unendlich groß, also $\frac{1}{n} = 0$ folglich

$$\frac{\left(2+\frac{1}{n}\right)^2}{1+\frac{1}{n}} = \frac{2^2}{1} = 4 \text{ ist;}$$

$$M = \tfrac{1}{3}\,\alpha bh\sqrt{h} \,.\, \sqrt{4}; \text{ oder}$$

$$\text{IV.}\quad M = \tfrac{2}{3}\,\alpha bh \,.\, \sqrt{h}.$$

Findet keine Construction statt, so hat man

$$M = \tfrac{4}{3} \,.\, \sqrt{g} \,.\, bh \,.\, \sqrt{h},$$

§. 211.

Zusatz. Dividirt man die so eben bestimmte Wassermenge, durch den Querschnitt bh, so entsteht die mittlere Geschwindigkeit

$$= \frac{2}{3} \alpha \sqrt{h} = \alpha \sqrt{\tfrac{4}{9} h};$$

also die mittlere Geschwindigkeitshöhe $= \frac{4}{9} h = \frac{8}{18} h$.

Nach §. 207. wäre sie näherungsweise

$$= \frac{1}{2} h = \frac{9}{18} h,$$

so daß man also beim Gebrauch der Annäherung §. 207. auch in dem Fall, wo die Abweichung am bedeutendsten sein muß, nemlich in dem, wo die Oeffnung bis zum Wasserspiegel reicht, um nicht mehr, als um $\frac{1}{18} h$ fehlt, welcher Einfluß, da die Größe unterm Wurzelzeichen steht, nur sehr gering ist.

§. 212.

Beispiel. An einem See befindet sich ein Ueberfall von 40 Fuß Breite, über welchen das Wasser 4 Fuß hoch abfließt. Wie viel Cubicfuß M werden in jeder Secunde abfließen; und wie viele Fuß x müßte der Fachbaum niedriger gelegt werden, wenn dieselbe Wassermenge, ohne Senkung oder Erhebung des Wasserspiegels im See, durch einen nur 30 Fuß breiten Ueberfall abgeführt werden sollte.

Nimmt man $\alpha = 5$; so ist

$$M = \tfrac{2}{3} . 5 . 40 . 4 . \sqrt{4} = 1066 \tfrac{2}{3}$$

ferner

$$\tfrac{2}{3} . \alpha . 30 . (4 + x) \sqrt{4 + x} = \tfrac{2}{3} \alpha . 40 . 4 \sqrt{4}$$

und hieraus $x = -4 + \sqrt[3]{\left(\frac{32}{3}\right)^2}$

$0{,}84$ Fuß $= 10$ Zoll.

§. 213.

Aufgabe In einer verticalen Seitenwand befindet sich eine rechtwinklichte Oeffnung von der horizontalen Breite b und verticalen Höhe e; der Wasserstand sei $= h$; alle Abmessungen, wie immer in Fußen verstanden; man soll, vorausgesetzt, daß der Wasserstand unveränderlich erhalten wird, die in jeder Secunde ausfließende Wassermenge M bestimmen.

Auflösung. Hätte die Oeffnung die Höhe h bis zum Wasserspiegel, so wäre die Wassermenge $= \frac{2}{3} \alpha h b \sqrt{h}$. Durch den verschlossenen Raum von der Höhe $h - e$ wird aber die Wassermenge

$$\frac{2}{3} \alpha b (h - e) \sqrt{h - e}$$

zurückgehalten, und es ist daher die durch b e ausfließende

$$= \frac{2}{3} \alpha b h \sqrt{h} - \frac{2}{3} \alpha b (h - e) \sqrt{h - e}; \text{ oder}$$

$$\text{V.} \quad M = \frac{2}{3} \alpha b \left[h \sqrt{h} - (h - e) \sqrt{h - e}\right]$$

§. 214.

Zusatz. Bei der annähernden Ansicht §. 207. wäre für den Fall in §. 213.

$$\text{VI.} \quad M = \alpha b e \,.\, \sqrt{h - \frac{e}{2}}$$

Ist etwa $\alpha = 5$; $b = 4$; $e = 1$; $h = 5$ so ist nach V.

$$M = \frac{2}{3} \,.\, 5 \,.\, 4 \left[5 \sqrt{5} - 4 \sqrt{4}\right] = 42{,}40$$

und nach VI.

$$M = 5 \cdot 4 \cdot 1 \, , \sqrt{5 - \tfrac{1}{2}} = 42, 42$$

§. 215.

Beispiel. Bei einem Wasserstand von 4 Fuß sollen durch eine Schutzöffnung von 3 Fuß Breite, in jeder Secunde 30 Cubicfuß Wasser abgeführt werden. Wie hoch e muß die Schutzöffnung sein?

Hier ist die Gleichung nach V; $\alpha = 5$ gesetzt;

$$30 = \tfrac{2}{3} \cdot 5 \cdot 3 \cdot [4 \sqrt{4} - (4 - e) \sqrt{4 - e}]$$

und aus ihr folgt:

$$e = 4 - \sqrt[3]{25} = 1{,}08 \text{ Fuß.}$$

§. 216.

Aufgabe. Mehrere oben offene prismetische Gefäße communiciren mit einander, wie es Fig. 61. im verticalen Durchschnitt darstellt. Der Wasserspiegel im I. ist unveränderlich; man soll die, nach eingetretenen Beharrungszustand in jeder Secunde abfließende Wassermenge M bestimmen.

Auflösung. Wenn das Wasser I. in unveränderter Höhe erhalten wird, so fließt, wenn II. noch leer ist, im ersten Augenblick das Wasser aus der Communicationsöffnung a, mit derjenigen Geschwindigkeit aus I. in II. welche der Druckhöhe zu a entspricht. Nun vertheilt sich aber das Wasser auf dem Boden von II. und kommt mit einer sehr geringen, auch der Richtung nach veränderten Geschwindigkeit zur Communicationsöffnung a′ mit III. Diese Geschwindigkeit wächst aber, so wie sich das Wasser in II. wegen des stärkeren Zuflusses und geringeren Abflusses sammelt, und dagegen nimmt die Geschwindigkeit in a ab, weil ein Gegendruck entsteht. Bezeichnen nun c c' die Geschwindigkeiten des Wassers in a, a' in den Augenblick, in welchen $a c = a'c'$ oder: in welchen der Beharrungszustand eingetreten ist, so bleibt von nun an der Wasserspiegel in II. in unveränderlicher Höhe, und man hat also, wenn a'', a''' u. s. w. $c''; c'''$ u. s. w. für die folgenden Oeffnungen die gleiche Bedeutung haben

$$c = \frac{M}{a};\ c' = \frac{M}{a'};\ c'' = \frac{M}{a''} \text{ u. s. w.}$$

Bezeichnet nun h die gesammte Druckhöhe vom Wasserspiegel in I. bis zum Punct der mittleren Geschwindigkeit der letzten Oeffnung; x, x' u. s. w. die Differenzen der Wasserspiegel, so entspricht der hydrostatische Druck gegen a der Höhe x; der gegen a' der x' u. s. w. und es ist also nach §. 209. III.

$$x = \frac{c^2}{\alpha^2};\ x' = \left(\frac{c'}{\alpha}\right)^2;\ x'' = \left(\frac{c''}{\alpha}\right)^2 \text{ u. s. w.}$$

folglich $x + x' + x''$ u. s. w. oder

$$h = \frac{1}{\alpha^2}\left[c^2 + c'^2 + c''^2 + \dots\right]$$

Substituirt man hierinnen die Werthe für c, c' u. s. w. so entsteht

$$\text{VII. } h = \frac{M^2}{\alpha^2 a^2} \cdot \left[1 + \left(\frac{a}{a'}\right)^2 + \left(\frac{a}{a''}\right)^2 + \dots\right]$$

und hieraus auch

$$\text{VIII. } M = \frac{\alpha a \sqrt{h}}{\sqrt{1 + \left(\frac{a}{a'}\right)^2 + \left(\frac{a}{a''}\right)^2 + \dots}}$$

§. 217.

Aufgabe. Durch ein Gerinne, Canal, Graben oder Fluß fließt das Wasser bei unveränderlichem Querschnitt a, auf die Länge l welcher das Gefälle e zugehört, in einerlei Richtung, gleichförmig ab, dergestalt, daß der Wasserspiegel mit dem Grundbett als parallel anzusehen ist. Der ebenfalls auf die Länge l als unveränderlich anzusehende benetzte Umfang sei = p; man soll die mittlere Geschwindigkeit c des abfließenden Wassers und die in jeder Secunde abfließende Wassermenge M bestimmen.

Auflösung. Bezeichnet w den Widerstand, welcher aus den im bewegten Umfang statt findenden Hindernissen gegen die Bewegung, im Mittel auf ein Wasserelement im Querschnitt a kommt, so wächst w mit p, den je größer p ist, desto mehr Hindernisse erzeugen sich; ferner nimmt w ab, so wie a größer wird, denn je größer a ist, desto weniger von den stattfindenden Hindernissen kommen auf ein Element; endlich wächst w mit c in Hinsicht der Menge der Berührungspuncte von welchen ein Wasserelement sich losreißen muß und auch in Hinsicht der Kürze der Zeit, in welcher dieß losreißen erfolgen muß, und es verhält sich also, wenn für ein anderes Profil, unter denselben Bedingungen a', l', e', p', c', w' dieselbe Bedeutung haben

$$w : w' = \left\{ \begin{array}{ccc} p & : & p' \\ a' & : & a \\ c & : & c' \\ c & : & c' \end{array} \right\} \text{; oder}$$

$$w : w' = \frac{p\,c^2}{a} : \frac{p' \cdot c'^2}{a'}$$

Wenn aber, wie vorausgesetzt ist, das Wasser ohnerachtet es auf einer schiefen Ebene abfließt, sich dennoch gleichförmig bewegt, so muß für jedes Wasserelement, die beschleunigende Kraft, dem Widerstand gleich sein, und es ist also $\frac{e}{l} = w$; $\frac{e'}{l'} = w'$ folglich

$$\frac{e}{l} : \frac{e'}{l'} = \frac{p\,c^2}{a} : \frac{p'\,c'^2}{a'}$$

und hieraus

$$c = c' \cdot \sqrt{\frac{l'}{e'} \cdot \frac{p'}{a'}} \cdot \sqrt{\frac{e}{l} \cdot \frac{a}{p}}.$$

Beziehen sich alle Abmessungen auf Rheinl. Fuße, so ist nach einem aus Versuchen von du Buat entnommenen Mittelwerth

$$c' \cdot \sqrt{\frac{l'}{e'} \cdot \frac{p'}{a'}} = 90{,}9 \text{ zu setzen:}$$

folglich

$$\text{IX. } c = 90{,}9 \cdot \sqrt{\frac{e}{l} \cdot \frac{a}{p}} \text{ und also}$$

$$\text{X. } M = 90{,}9 \cdot a \cdot \sqrt{\frac{e}{l} \cdot \frac{a}{p}}.$$

§. 218.

Zusatz. Aendert ein Fluß bei einer Anschwellung des Wassers nicht sein Gefälle, wohl aber den Querschnitt

schnitt a und benetzten Umfang p; wird nemlich ersterer = A; letzterer = P, so ändert sich auch seine Geschwindigkeit c; sie sei dann = C, so hat man nach IX.

$$C : c = \sqrt{\frac{A}{P}} : \sqrt{\frac{a}{p}}.$$

Bezeichnet b die mittlere Breite, h die mittlere Tiefe für a und haben B, H dieselbe Bedeutung in Beziehung auf A, so hat man

$$C : c = \sqrt{\frac{B\,H}{B + 2H}} : \sqrt{\frac{b\,h}{b + 2h}}$$

und wächst b nur wenig, so daß man $\sqrt{B} : \sqrt{b} = 1$ setzen kann, so entsteht näherungsweise

$$C : c = \sqrt{\frac{H}{B + 2H}} \cdot \sqrt{\frac{h}{b + 2h}}$$

und noch mehr näherungsweise, wenn b sehr groß ist

$$C : c = \sqrt{H} : \sqrt{h}.$$

§. 219.

Beispiel. Es soll ein Fluß, welcher bei einer höchsten, beobachteten Anschwellung 20000 Quadratfuß Querschnitt und 4000 Fuß benetzten Umfang hat, eingedeicht werden. Wenn nun die Höhe der Deiche zu 30 Fuß bestimmt ist; wie weit müssen dieselben von einander abstehen, damit zwischen den Deichen, die Wassermenge abfließen kann, welche bei der beobachteten höchsten Anschwellung abgeführt wurde?

Die gesuchte Entfernung sei = x Fuße; die mittlere Geschwindigkeit des Wassers in dem Querschnitt von 20000 Quadratfußen werde durch c. die des Wassers zwischen den Deichen, also in dem Querschnitt 30 . x werde durch v ausgedrückt, so ergeben sich die Gleichungen

$$1)\ 20000 \cdot c = 30 \cdot x \cdot v$$

$$2)\ c : v = \sqrt{\frac{20000}{4000}} : \sqrt{\frac{30x}{x + 2 \cdot 30}}$$

und aus ihnen

$$3x : 2000 = \sqrt{5} : \sqrt{\frac{30x}{x + 60}};$$

Aus dieser Gleichung entspringt sehr nahe $x = 300$ Fuß.

§. 220.

Aufgabe. Unter allen rechtwinklichten Profilen bietet dasjenige bei denselben Flächenraum den geringsten benetzten Umfang dar, bei welchen die Grundbreite doppelt so groß wie die Tiefe ist. Man soll ein symmetrisch dossirtes Profil angeben, welches bei derselben Tiefe h; denselben Querschnitt und denselben benetzten Umfang, also mit jenem gleiche Vorzüge, vor andern Profilen hat.

Auflösung. Die Grundbreite sei $= x$; die Ausladung $= y$; so ergeben sich die Gleichungen

$$1)\ hx + hy = 2h^2$$

$$2)\ x + 2\sqrt{h^2 + y^2} = 4h$$

und aus ihnen

$$x = \tfrac{2}{3} h$$

$$y = \tfrac{4}{3} h.$$

§. 221.

Zusatz. Für ein solches Profil wie §. 220. ist dann $c = 90,9 \cdot \sqrt{\frac{e}{l} \cdot \frac{h}{2}}$ und

$$M = 90,9 \cdot 2h^2 \cdot \sqrt{\frac{e}{l} \cdot \frac{h}{2}}.$$

Ist z. B. M = 200 Cubicfuß; das Gefälle auf 100 Ruthen = 4''; also $\frac{e}{l} = \frac{4}{14400}$; und soll h bestimmt werden, so hat man

$$200 = 90,9 \cdot 2h^2 \cdot \sqrt{\frac{1}{3600} \cdot \frac{h}{2}}$$

und hieraus

$$h = \sqrt[5]{\frac{2 \cdot 2000^2}{30,3^2}} = 6,1382 \text{ Fuß}$$

also: die Grundbreite = 4,0921 Fuß
die Tiefe = 6,1382 ⸗
und die Ausladung = 8,1842 ⸗.

§. 222.

Aufgabe. Für irgend eine mit den Ufern parallele Richtung sei die Geschwindigkeit des Wassers auf der Oberfläche deesselben = c; man soll hieraus für die zugehörige Verticale von der Tiefe h, die mittlere Geschwindigkeit v bestimmen.

Auflösung. Erfahrungen zufolge nimmt die Geschwindigkeit auf jeden Fuß Tiefe um 0,008 . c ab. Sie ist also unten = c — 0,008 c . h; daher die mittlere $= \frac{c + c - 0,008\, c \cdot h}{2}$; oder

$$v = (1 - 0,004 \cdot h) \cdot c.$$

§. 223.

Zusatz. Kann man in Profilen, wo die Formeln IX. und X. keine Anwendung finden, an mehreren Stellen der Oberfläche, parallel mit den Ufern gedacht, die Geschwindigkeit messen, so läßt sich daraus mit Hülfe des vor. §. leicht die gesammte Wassermenge und auch die mittlere Geschwindigkeit für den ganzen Querschnitt bestimmen.

§. 224.

Aufgabe. Bei einer Röhrenleitung von l Fuß Länge, sei der Durchmesser im Lichten = d; die gesammte Druckhöhe = h; man soll durch l, d und h die mittlere Geschwindigkeit des Wassers = c und die in jeder Secunde abfließende Wassermenge M bestimmen.

Aufgabe. Man setze den Theil der Druckhöhe h, welcher auf Erzeugung und Erhaltung der Geschwindigkeit c verwendet wird = h'; den übrigen Theil, der die Hindernisse an den Röhrenwänden zu überwinden hat = h''; so hat man die Gleichungen

$$1)\ h' + h'' = h$$

$$2)\ c = \alpha \sqrt{h'} \text{ oder } h' = \frac{c^2}{\alpha^2}.$$

Wenn nun bei einer andern Röhrenleitung L, D, C, H' ähnliche Größen bezeichnen, so ist, wie §. 217.

$$H'' : h'' = \begin{cases} D\pi : d\pi \\ \frac{1}{4} d^2\pi : \frac{1}{4} D^2\pi \\ C^2 : c^2, \\ L : l \end{cases}$$

und hieraus

$$h'' = \frac{D\,H''}{L\,C^2} \cdot \frac{c^2 \cdot l}{d}$$

Nach den Versuchen von du Buat ist, im Mittel, alle Abmessungen in Fußen verstanden

$$\frac{D\,H''}{L\,C^2} = \frac{1}{2006}\text{; folglich}$$

$$3)\quad h'' = \frac{c^2 l}{2006 \cdot d}$$

Substituirt man nun die Werthe für h' und h'' aus 2 und 3, in 1; setzt 6,42 für α und entwickelt c, so entsteht

$$\text{IX.}\quad c = 6{,}42 \cdot \sqrt{\frac{50\,d\,h}{l + 50\,d}}$$

und, weil $M = c \cdot \frac{1}{4} d^2 \pi$ ist,

$$\text{XII.}\quad M = 5\,d^2 \cdot \sqrt{\frac{50\,d\,h}{l + 50\,d}}.$$

§. 225.

Zusatz. In den Fällen, wo l groß ist, kann man 50 d als Summand von l außer Betracht lassen, und setzt man dann noch 7 für $\sqrt{50}$ so entsteht, nahe genug:

$$c = 45 \cdot \sqrt{\frac{d\,h}{l}} \text{ und}$$

$$M = 35 \cdot d^2 \cdot \sqrt{\frac{d\,h}{l}}.$$

Ist z. B. $l = 1000$; $h = 10$; $M = 2$; so erhält man

$$d = \sqrt[5]{\frac{400}{35^2}} \text{ beinahe} = 0{,}8 \text{ Fuß}$$

$$= 9\tfrac{3}{5} \text{ Zoll.}$$

§. 226.

Zusatz. Ist am Ende einer Röhrenleitung eine horizontale Oeffnung, aus welcher das Wasser, vermöge der Druckhöhe h lothrecht in die Höhe steigt, so ergiebt sich, wenn c die nach §. 224. und 225. zu bestimmende Geschwindigkeit in dieser Oeffnung ist, die Strahlhöhe $z = \frac{c^2}{4g}$.

Mariotte hat aus seinen Versuchen die den Erfahrungen sehr entsprechende Gleichung entnommen:

$$h = z + \frac{z^2}{300}$$

woraus sich z leicht entwickeln läßt.

§. 227.

Erklärung Ein Ueberfall oder Wehr heißt vollkommen, wenn der Wasserspiegel des Unterwassers, niedriger liegt, als die Oberfläche der Ueberlaßschwelle; unvollkommen, wenn er höher liegt.

§. 228.

Aufgabe. In einem Fluß, von B Fuß mittlerer Breite, welcher in jeder Secunde M Cubicfuß Wasser abführt, wird ein vollkommener Ueberfall von der Breite b und Höhe k angelegt, über welchen das Wasser mit der Höhe H (Fig. 62.) abfließt. Man soll eine Gleichung zwischen B, M, b, k, H darstellen.

Auflösung. Wäre das Wasser vor dem Ueberfall als stillstehend anzusehen, so hätte man nach §. 211. die mittlere Geschwindigkeitshöhe $= \frac{4}{9}$ H; weil aber das Wasser schon mit einer Geschwindigkeit

$= \frac{M}{B(H+k)}$ ankommt, so wird, wenn x die zugehörige Höhe bezeichnet, die Höhe der mittleren Geschwindigkeit für den Raum b H gleich

$$\tfrac{4}{9} H + x \text{ oder}$$

$$= \tfrac{4}{9} H + \frac{M^2}{4g\, B^2 (H+k)^2} \text{ sein;}$$

und folglich ist die mittlere Geschwindigkeit für diesen Raum b H

$$= \alpha \sqrt{\tfrac{4}{9} H + \frac{1}{4g} \cdot \left[\frac{M}{B(H+k)}\right]^2};$$

und daher

$$M = bH \cdot \alpha \sqrt{\tfrac{4}{9} H + \frac{1}{4g} \cdot \left[\frac{M}{B(H+k)}\right]^2}$$

woraus man erhält

$$\text{XII. } M = \tfrac{2}{3} \alpha b H \sqrt{H} \cdot \frac{1}{\sqrt{1 - \frac{1}{4g}\left[\frac{\alpha b H}{B(H+k)}\right]^2}}$$

§. 229.

Zusatz. Soll aus der Gleichung

$$M = bH\alpha \sqrt{\tfrac{4}{9} H + \frac{1}{4g} \left[\frac{M}{B(H+k)}\right]^2}$$

der Werth für H entwickelt werden, so lasse man zuvörderst um eine höhere Gleichung zu vermeiden, die der schon vorhandenen Geschwindigkeit zugehörige Höhe x außer Betracht; dann hat man Näherungsweise $M = \tfrac{2}{3} \alpha b H \sqrt{H}$ und hieraus $H = \left(\frac{3M}{2\alpha b}\right)^{\frac{2}{3}}$.

Nun quadrire man obige Gleichung, und gebe ihr folgende Form:

$$M^2 = \frac{4}{9}\alpha^2 b^2 H^3 + \frac{1}{4g}\left\{\frac{\alpha b M}{B\left(1 + \frac{k}{H}\right)}\right\}^2$$

setze dann in diese, in das ohnehin immer nur kleine zweite Glied für H den Näherungswerth $\left(\frac{3M}{2\alpha b}\right)^{\frac{2}{3}}$, so hat man

$$M^2 = \frac{4}{9}\alpha^2 b^2 H^3 + \frac{1}{4g} \cdot \left\{\frac{\alpha b M}{B\left(1 + k\left(\frac{2\alpha b}{3M}\right)^{\frac{2}{3}}\right)}\right\}^2$$

und hieraus

$$\text{XIV.}\ H = \sqrt[3]{\frac{2}{4}M^2\left\{\frac{1}{\alpha^2 b^2} - \frac{1}{4gB^2\left[1+k\left(\frac{2\alpha b}{3M}\right)^{\frac{2}{3}}\right]^2}\right\}}$$

§. 230.

Zusatz. In den meisten Fällen der Anwendung ist es hinreichend, ohne Rücksicht auf die schon vorhandene Geschwindigkeit

$$M = \frac{2}{3}\alpha b H . \sqrt{H};\ \text{also}$$

$$H = \left(\frac{3M}{2\alpha b}\right)^{\frac{2}{3}}\ \text{zu setzen.}$$

Für unvollkommene Ueberfälle ist dieß eben so der Fall, weshalb in den folgenden §. auch keine Rücksicht auf schon vorhandene Geschwindigkeit genommen ist.

§. 231.

Aufgabe. In einem Fluß, dessen mittlere Breite $= B$ und mittlere Tiefe $= h$ ist, wird ein unvollkommener Ueberfall von der Höhe k und der Breite b angelegt, durch welchen der Wasserspiegel der abfließende Wassermenge M um die Höhe H aufgestaut wird. Man soll eine Gleichung zwischen B, h, k, b, M, H darstellen. Fig. 63.

Auflösung. Es ist die Wassermenge, welche durch den Querschnitt b . H fließt, ohne Rücksicht auf die schon vorhandene Geschwindigkeit, $= \frac{2}{3}\,\alpha b H \,.\, \sqrt{H}$ und die, welche durch den Querschnitt $b\,(h - k)$ abgeführt wird $= \alpha b\,(h - k)\,\sqrt{H}$; folglich

$$\text{XV. } M = \alpha b\,[\tfrac{2}{3} H + h - k]\,.\,\sqrt{H}.$$

§. 232.

Beispiel. In einem Fluß von 40′ mittlerer Breite und 5 Fuß mittlerer Tiefe, der 3″ Gefälle auf 100 Ruthen hat, soll durch einen ebenfalls 40′ breiten Ueberfall der Wasserspiegel um 3 Fuß erhöht werden. Die Höhe k des Ueberfalls zu bestimmen:

Die Wassermenge, welche der Fluß abführt, ist nach X.

$$= 90{,}9 \,.\, 40 \,.\, 5 \,.\, \sqrt{\frac{3}{14400} \,.\, \frac{40 \,.\, 5}{40 + 2 \,.\, 5}}$$

$$= 525 \text{ Cub. Fuß.}$$

Durch den Querschnitt 40 . 3, wenn der Ueberfall gerade bis zum ursprünglichen Wasserspiegel reichte, würden aber, ohne Rücksicht auf vorhandene Geschwindigkeit

$$\tfrac{2}{3} \,.\, 6{,}76 \,.\, 40 \,.\, 3 \,.\, \sqrt{3}$$

= 955 Cub. Fuß abfließen; der Ueberfall muß also vollkommen werden, und seine Höhe k ergiebt sich also aus

$$525 = \tfrac{2}{3} \,.\, 6{,}76 \,.\, 40 \,.\, (8 - k)\,\sqrt{8 - k};$$

nemlich $k = 6$ Fuß; folglich auch $H = 8 - k = 2$ Fuß.

Zweites Capitel.

Von der Verengung der Querprofile und dem Rückstau.

---

§. 233.

Aufgabe. In einem Fluß, dessen mittlere Breite $= B$, mittlere Tiefe $= H$ und mittlere Geschwindigkeit $= c$ ist, wird durch einen Einbau die Breite bis auf b reducirt; die hiedurch bewirkte Erhöhung h des Wasserspiegels zu bestimmen.

Auflösung. Die mittlere Geschwindigkeit im Profil $b(H + h)$ sei $= v$, so ist die zugehörige Höhe $= \frac{v^2}{\alpha^2}$ und diese muß nothwendig gleich sein, der Höhe $\frac{c^2}{4g}$, welche der schon vorhandenen Geschwindigkeit c angehört, und der erst entstandenen h; man hat also

$$\frac{v^2}{\alpha^2} = \frac{c^2}{4g} + h$$

Nun ist aber $b(H + h)v = BHc$;

folglich $v = \frac{BHc}{b(H + h)}$, also

$$\text{XVI.} \quad \frac{B^2 H^2 c^2}{\alpha^2 b^2 (H + h)^2} = \frac{c^2}{4g} + h$$

woraus sich h durch eine unreine Cubicsche Gleichung ergiebt.

§. 234.

Aufgabe. In einem Fluß, welcher auf die Länge l das Gefälle e hat, wird durch einen Ueberfall der Wasserspiegel um H Fuß erhöht, und es ist auf dieselbe Länge l verstanden, das Gefälle des neuen Wasserspiegels über den Ueberfall = n; man soll durch H, l, e und n den Rückstau R, d. h. die Entfernung vom Ueberfall bis zu der Stelle bestimmen, wo die Erhöhung des Wasserspiegels aufhört bemerkbar zu sein, wo also der neue und alte Wasserspiegel zusammenfallen.

Auflösung. Beziehen sich H', l', e', n' und R' eben so auf einander wie H, l, e, n und R, so wird R mit H wachsen; und abnehmen wenn der Unterschied der Winkel, welche der alte und neue Wasserspiegel mit den Horizont bilden, größer wird, weil dann die Richtungslinie der Wasserspiegel sich der Parallelität mehr nähern. Nun verhalten sich aber bei so kleinen Winkeln, die Winkel wie ihre Sinusse und auch wie ihre Tangenten; die Quotienten $\frac{e}{l}$ und $\frac{n}{l}$ drücken aber diese Tangenten aus, und man kann also schließen

$$R : R' = \left\{ \begin{matrix} H : H' \\ \frac{e' - n'}{l'} : \frac{e - n}{l} \end{matrix} \right\}.$$

Aus dieser Proportion folgt

$$R = \frac{R' \, l' . H'}{e' - n'} . \frac{H . l}{e - n}.$$

Nach du Buat's Versuchen ist als Mittelwerth

$$\frac{R' \cdot l' \cdot H'}{e' - n'} = 1,9 ;$$ und folglich

$$\text{XVII. } R = 1,9 \cdot \frac{Hl}{e - n} \text{ Fuße.}$$

§. 235.

Zusatz. Ist die mittlere Breite des Flusses $= b$, seine mittlere ursprüngliche Tiefe $= h$, die Wassermenge, welche er abführt $= M$, so hat man nach X.

$$M = 90,9 \cdot bh \cdot \sqrt{\frac{e}{l} \cdot \frac{bh}{b + 2h}}$$

und auch

$$M = 90,9 \cdot b(h + H) \sqrt{\frac{n}{l} \cdot \frac{b(h + H)}{b + 2(h + H)}}.$$

Aus der ersten Gleichung kann man $\frac{e}{l}$; aus der zweiten $\frac{n}{l}$ bestimmen, und setzt man dann diese Werthe in XVII., so ergiebt sich:

$$R = \frac{15700 \cdot H \cdot b^3 h^3 (H + h)^3}{M^2 [(b + 2h)(H + h)^3 - [b + 2(H + h)] h^3]}.$$

In dem Beispiel §. 232. findet man $R = 37631$ Fuß, ohngefähr $1\frac{1}{2}$ Meile.

Drittes Capitel.

Von der Zeitbestimmung bei Füllung und Leerung prismatischer Gefäße.

---

§. 236.

Aufgabe. In einem prismatischen Gefäß vom horizontalen Querschnitt A in dessen horizontalen Boden eine Oeffnung von a Quadratfußen ist, steht das Wasser anfänglich h Fuße über a. Man soll die Zeit t bestimmen, in welcher, wenn kein Zufluß statt findet, die gesammte Wassermenge Ah aus a abfließen wird.

Auflösung. Da die Geschwindigkeiten, womit die auf einander folgenden Schichten ausfließen, der Formel $\alpha \sqrt{h}$ gemäß, sich wie die Quadratwurzeln aus den Wasserhöhen verhalten, so findet hier die Geschwindigkeitsabnahme nach demselben Gesetz statt, wie die Zunahme beim freien Fall. Ganz ähnlich mit dem Gesetz §. 171., würde also in derselben Zeit t doppelt so viel Wasser ausfließen, wenn die Druckhöhe $= h$ bliebe.

Dann wäre aber nach II.

$$2Ah = \alpha a \sqrt{h} \cdot t$$

und hieraus ergiebt sich die verlangte Zeit, oder

$$\text{XVIII.}\quad t = \frac{2A}{\alpha a} \cdot \sqrt{h}.$$

§. 237.

Zusatz. Soll die Zeit t' der Senkung des Wasserspiegels zur Tiefe x bestimmt werden, so ergiebt sich leicht durch Subtraction;

$$t' = \frac{2A}{\alpha a}\sqrt{h} - \frac{2A}{\alpha a}\sqrt{h-x};$$

oder

$$\text{XIX.}\quad t' = \frac{2A}{\alpha a}(\sqrt{h} - \sqrt{h-x}).$$

Befindet sich z. B. in einem See, dessen mittlerer horizontaler Querschnitt $= 300000$ Quadratfuß beträgt, 9 Fuß unterm Wasserspiegel eine Oeffnung von

Quadratfuß, so ist, $\alpha = 6{,}42$ gesetzt, die Zeit der Senkung bis zu dieser Oeffnung $= \frac{2 \cdot 300000}{6{,}42 \cdot 1} \cdot \sqrt{9}$; beinahe = 78 Stunden; die Zeit aber, in welcher sich der Wasserspiegel 5 Fuß tief senkt

$$= \frac{2 \cdot 300000}{6{,}42 \cdot 1} \cdot (\sqrt{9} - \sqrt{9 - 5})$$

beinahe = 26 Stunden.

§. 238.

Zusatz. Wenn die Oeffnung a nicht im horizontalen Boden, sondern in einer Seitenwand angebracht ist, so kann man die Formeln XVIII. und XIX. näherungsweise beibehalten, wenn man unter h die Entfernung vom anfänglichen Wasserspiegel bis zum Schwerpunct von a versteht.

§. 239.

Zusatz. Ist ein Gefäß, in welchem der Wasserspiegel in unveränderlicher Höhe erhalten wird, durch eine Oeffnung von a Quadratfußen mit einem leeren prismatischen Gefäß vom horizontalen Querschnitt A verbunden, und bezeichnet h die Entfernung vom Schwerpunct p der Oeffnung a bis zum unveränderlichen Wasserspiegel, so ist, weil hier die Geschwindigkeitsabnahme eben so wie in §. 236. erfolgt, die Zeit der Füllung des leeren Gefäß von p bis es zur Höhe h ebenfalls $= \frac{2A}{\alpha a} \sqrt{h}$ und die Zeit, während welcher das Wasser zur Höhe x steigt,

$$= \frac{2A}{\alpha a} (\sqrt{h} - \sqrt{h - x})$$

§. 240.

Beispiel. Die Zeit zu Anfüllung und Leerung einer Schleusenkammer zu bestimmen.

Es enthalte das Schoßthürchen des Oberthors 5 Quadratfuß; sein Schwerpunct sei vom Oberwasserspiegel 6 Fuß entfernt. Der Cubicinhalt des Raums in der Kammer zwischen dem Unterwasserspiegel und der durch den erwähnten Schwerpunct gedachten Horizontalebene sei 24000 Cubicfuß. Der horizontale Querschnitt der Schleusenkammer = 6000 Quadratfuß. Die Differenz der Wasserspiegel des Ober und Unterwassers sei = 9′; der Quadratinhalt des Schoßthürchens im Unterthor sei 5 Quadratfuß. Die Zeit t in welcher sich der Raum von 24000 Cubicfuß füllt, ergiebt sich aus II, durch die Gleichung

$$24000 = t \,.\, \alpha \,.\, a \,.\, \sqrt{h}\,;$$ also,

$\alpha = 5$ gesetzt, weil $a = 5$; $h = 6$ ist,

$$t = \frac{24000}{5 \,.\, 5 \,.\, \sqrt{6}} = 392 \text{ Secunden}$$

Die Zeit t' in welcher sich der übrige Raum der Kammer anfüllt, ist, nach §. 239. Formel XVIII. zu bestimmen. Es ergiebt sich

$$t' = \frac{2A}{\alpha a} \sqrt{h} = \frac{2 \,.\, 6000}{5 \,.\, 5} \,.\, \sqrt{6} = 876 \text{ Sec.}$$

Es ist daher die Zeit der Anfüllung der Schleusenkammer $= t + t' = 1268$ Secunden = 21 Minuten und 8 Secunden.

Die Zeit t'' der Ausleerung ergiebt sich nach XVIII

$$= \frac{2A}{\alpha a} \sqrt{h}\,;$$ oder

$t'' = \frac{2 \cdot 6000}{5 \cdot 5} \cdot \sqrt{9} = 1440$ Secunden $= 24$ Minuten.

Viertes Capitel.

Von der Kraft des bewegten Wassers, dem Stromquadranten, den oberschlächtigen und unterschlächtigen Wasserrädern.

§. 241.

Aufgabe. Eine Wassermasse trifft mit der Geschwindigkeit c und dem Querschnitt a, eine stillstehende festgehaltene Ebene E normal. Man soll die Einwirkung P des Wassers auf E bestimmen.

Auflösung. Bezeichnet M die Anzahl Cubicfuße Wasser, welche in jeder Secunde ankommen, so ist, für irgend eine Zeit t, das Gewicht der Wassermasse, deren Geschwindigkeit c durch die, der Einwirkung P gleiche, Gegenwirkung P der Ebene E in dieser Zeit t, vernichtet wird $= Mt\gamma$; daher nach der Formel

$$c = 2g \frac{P}{Q} t \text{ §. 175. I.}$$

hier $c = 2g \frac{P}{Mt\gamma} t$, und hieraus

$$\text{XX. } P = \frac{c}{2g} M\gamma$$

§. 242.

Zusatz. Weil $M = ac$ ist, so hat man auch $P = \frac{c^2}{2g} a\gamma$, oder: wenn h die zu c gehörige Höhe ausdrückt, $P = 2ha\gamma$.

§. 243.

Zusatz. Bewegt sich E nach derselben Richtung, wie das Wasser mit der Geschwindigkeit v und ist $c > v$ so ist der Einfluß eben der, als wenn E still stände, und das Wasser mit der Geschwindigkeit $c - v$ normal auf E, ankäme. Bezeichnet P' die so statt findende Einwirkung, so hat man also

$$\text{XXI. } P' = \frac{c - v}{2g} M\gamma$$

Man nennt P die absolute, P' die relative Einwirkung.

§. 244.

Zusatz. Die beiden Formeln XX. und XXI. sind sowohl beim Stoß eines isolirten Wasserstrahls als auch, wenn das Wasser in einem Gerinne eingeschlossen ist, dessen Querschnitt von E beinahe ganz angefüllt ist, so daß also a und E als gleichgroß zu betrachten sind, anwendbar. Ist aber E bedeutend kleiner wie a, wie z. B. bei Schiffmühlenrädern, so ist nach den Versuchen von Bossut, d'Alembert, Langsdorf, Condorcet, nur die Hälfte zu nehmen.

Vom Stromquadranten.

§. 245.

Aufgabe. An einem Faden hängt eine Kugel, deren Gewicht unter Wasser = p ist; man soll aus dem Winkel β, welchen der Faden dann mit der Verticallinie bildet, wenn die Kugel sich im fließenden Wasser (ganz untertaucht, aber sehr nahe an der Oberfläche) befindet, und stille steht, die Geschwindigkeit c desselben bestimmen.

Auflösung. Bezeichnet r den Halbmesser der Kugel, so wäre die absolute Einwirkung des Wassers auf die von c normal getroffene Projection der Kugel, weil M hier $= r^2 \pi \,.\, c$ wäre, gleich

$$\frac{c}{2g} r^2 \pi c \,.\, \gamma.$$

Bezeichnet nun Q die Einwirkung auf die Oberfläche der Halbkugel, so kann man, unter n eine Versuchszahl verstanden,

$$Q = n \,.\, \frac{c^2}{2g} r^2 \pi \,.\, \gamma \text{ setzen.}$$

Für eine andere Geschwindigkeit c', welcher der Winkel β' zugehört, sei die Einwirkung auf dieselbe Kugelfläche $= Q'$; so hat man, eben so

$$Q' = n \,.\, \frac{c'^2}{2g} r^2 \pi \,.\, \gamma$$

$$\text{also } Q : Q' = c^2 : c'^2$$

Nach dem Parallelogramm der Kräfte ist aber auch

$$Q = p \operatorname{tg} \beta$$

$$Q' = p \,.\, \operatorname{tg} \beta' \text{ also}$$

$$Q : Q' = \operatorname{tg} \beta : \operatorname{tg} \beta'; \text{ daher}$$

$$c^2 : c'^2 = \operatorname{tg} \beta : \operatorname{tg} \beta' \text{ folglich}$$

$$c = \frac{c'}{\sqrt{\operatorname{tg} \beta'}} \,.\, \sqrt{\operatorname{tg} \beta}$$

ist nun μ, aus Versuchen durch schwimmende Körper, ein Mittelwerth für $\frac{c'}{\sqrt{\operatorname{tg} \beta'}}$, so hat man

$$c = \mu \sqrt{\operatorname{tg} \beta}.$$

Ein einfaches Werkzeug, um β zu messen, ist der Stromquadrant.

Vom oberschlächtigen Wasserrad.

§. 246.

Aufgabe. Das Moment N der Kraft P des Wassers am oberschlächtigen Rad zu bestimmen.

Auflösung. Man stelle sich vor, daß das Wasser, welches in den Zellen durch sein Gewicht wirkt, als ein körperliches Ringstück ABCD Fig. 64. um den Bogen NR der Peripherie des Theilrisses gleichförmig vertheilt wäre. Bezeichnet nun M die Wassermenge welche in jeder Secunde aufs Rad stürzt, v die Geschwindigkeit, womit jeder Punct der Peripherie des Theilrisses sich in derselben bewegt, b die Länge des Bogens NR; a die Länge der zugehörigen Sehne NR; r den Halbmesser EN = ER des Theilrisses; und ist F, in dem horizontalen Halbmesser liegend, der Schwerpunct des wasserhaltenden Bogens oder des körperlichen Ringstücks ABCD, oder auch der centrischen Kreislinie von N bis R, so ist der Querschnitt dieses körperlichen Ringstücks $= \frac{M}{v}$; also das Gewicht des Wassers in denselben $= b \cdot \frac{M}{v} \cdot \gamma$; folglich das statische Moment N dieses Gewichts in Beziehung auf die Achse des Rades $= EF \cdot b \, \frac{M}{v} \gamma$.

Nach §. 71. ist aber

$$b : a = r : EF;$$

folglich b . EF = r . a; also

$$N = r a \frac{M}{v} \gamma$$

und folglich die Kraft selbst, in die Peripherie des Theilrisses reducirt, oder

$$P = a \frac{M}{v} \gamma$$

Erfahrungen zufolge ist im Mittel $a = \frac{5}{6} . 2r = \frac{5}{3} r$ zu setzen, und man hat daher, für den practischen Gebrauch

$$\text{XXII. } P = \frac{5 r M \gamma}{3 v}.$$

§. 247.

Zusatz. Bezeichnet c die Geschwindigkeit, womit das aufs Rad stürzende Wasser nach der Richtung NG die Zellen trifft, so kommt der im vor. §. bestimmten Kraft P noch ein Stoß zu Hülfe, wenn die auf c entspringende tangentiale Geschwindigkeit größer wie v ist. Es wird aber, den Erfahrungen zufolge, für zweckmäßig gehalten, die Last so groß zu wählen, daß beide Geschwindigkeiten gleich werden, also kein Stoß erfolgt, und für diese gewöhnlich statt findenden Fälle gilt also die Formel XXII.

§. 248.

Zusatz. In so ferne die Wirkung einer Kraft desto größer ist, je größer diese Kraft, und je größer die Schnelligkeit ist, womit der angegriffene Punct durch sie fortbewegt wird, so ist also auch beim oberschlächtigen Rad die Größe des Effects nicht blos von P, sondern in demselben Grad von v abhängig, und es ist folglich das Product Pv oder das mechanische Moment der Kraft, die Verhältnißzahl der Größe des Effects. Nun ist aber aus XXII,

$$Pv = \frac{5}{3}\, rM\gamma$$

und es bestimmt daher das Product rM als Verhältnißzahl die Größe der Wirkung. Bezeichnen daher E, E′ die Effecte zweier oberschlächtigen Räder, r, r′ ihre Halbmesser, M, M′ die Wassermengen welche auf die Räder in jeder Secunde stürzen, so verhält sich

$$E : E' = rM : r'M'.$$

Vom unterschlächtigen Wasserrad.

§. 249.

Aufgabe. Beim unterschlächtigen Wasserrad im geraden Gerinne, die Größe P der tangentialen Wirkung der Kraft des Wassers aufs Rad, zu bestimmen.

Auflösung. Bezeichnet c die Geschwindigkeit, womit das Wasser die Schaufeln normal trifft, v die des Mittelpuncts der getroffenen Schaufelebenen; M die in jeder Secunde ankommende Wassermenge; r den Halbmesser des Rades bis zu den erwähnten Mittelpuncten der Schaufeln verstanden, so hat man, bei enggeschaufelten Rädern, wo die gesammte Wassermenge M zum Stoß gelangt, nach XXI.:

$$P = \frac{c - v}{2g} M\gamma.$$

also das statische Moment dieser Kraft

$$= r \cdot \frac{c - v}{2g} M\gamma$$

und ihr mechanisches, also die Verhältnißzahl der Größe des Effects $= v \cdot \frac{c - v}{2g} M\gamma$.

Anmerk. Bei Schiffmühlenrädern muß man, nach §. 244. im Nenner 4g für 2g setzen.

§. 250.

Aufgabe. Es bezeichne M die Wassermenge welche auf ein unterschlächtiges Wasserrad in geraden Gerinne wirkt; (immer pro Secunde, und in Cubicfußen verstanden) c die Geschindigkeit womit das Wasser die Schaufeln normal trift; man soll die Geschwindigkeit v der Schaufeln der Bedingung gemäß bestimmen, daß das mechanische Moment oder der Effect, ein Maximum wird.

Auflösung. Man setze $v = \frac{1}{2} c \pm x$ so ist das mechanische Moment nach dem vorigen §.

$$= (\tfrac{1}{2} c \pm x) \cdot \frac{c - (\frac{1}{2} c \pm x)}{2g} M\gamma$$

oder $= \frac{M\gamma}{2g} \cdot (\frac{1}{4} c^2 - x^2)$

und dieser Ausdruck wird größtmöglichst, wenn $x = 0$ ist. Für $x = 0$ erhält man aber $v = \frac{1}{2} c$ und es wird also der Effect eines unterschlächtigen Rades im geraden Gerinne ein Maximum wenn man demselben gerade so viel Last zu überwältigen giebt, daß die Geschwindigkeit der Schaufel halb so groß wie die des anschlagenden Wassers wird.

Für den größtmöglichsten Effect, d. h. für $v = \frac{1}{2} c$ hat man also nach §. 249.

$$\text{XXIII.} \quad P = \frac{c}{4g} M\gamma.$$

§. 251.

Beispiel. Es sei M = 60 Cubicfuß; c = 12 Fuß; r = 3 Fuß; der Halbmesser der Welle des Wasserrades = 1 Fuß. An dieser Welle hänge vermittelst eines umgelegten Seils, ein Gewicht von x Pfunden lothrecht herab, dem Bestreben des Wassers, das Rad zu drehen, entgegenwirkend. Wie groß muß man x nehmen, damit der Effect ein Maxim. wird.

Es ist, ohne Rücksicht auf die Nebenhindernisse der Reibung u. s. w., das Widerstandsmoment der Last in Beziehung auf die Achse des Wasserrades = x . 1; und das Moment der Kraft in dem Augenblick, in welchen die vortheilhaftesten Geschwindigkeit des Rades, nemlich $v = \frac{1}{2} c$ hier = 6 eingetreten ist, nach XXIII.

$$8 \cdot \frac{12}{4 \cdot \frac{125}{8}} \cdot 60 \cdot 66 \text{ oder } = 6082{,}56.$$

Man hat also, wenn in diesem Augenblick wo $v = \frac{1}{2} c$ ist, ein Gleichgewicht zwischen Kraft und Last, während der Bewegung eintreten soll;

$$x \cdot 1 = 6082{,}56; \text{ folglich}$$
$$x = 6082{,}56 \text{ Pfund.}$$

Wird diese Last von 6082,56 Pfund angehängt, so behält dann, nachdem der Beharrungszustand eingetreten ist, das Rad bleibend die Geschwindigkeit $v = \frac{1}{2} c$ = 6 Fuß, und folglich hat die Last dann bleibend die Geschwindigkeit $= \frac{1}{8} \cdot 6 = \frac{3}{4}$ Fuß und es ist also das mechanische Moment der Last

$$= \frac{3}{4} \cdot 6082{,}56$$
$$= 4561{,}92.$$

Daß dieser Beharrungszustand wirklich eintreten wird, erhellet aus folgendem: Wenn man die bestimmte Last von 6082,56 Pfund anhängt, und nun die Schütze so hoch aufzieht, daß in jeder Secunde 60 Cubicfuß ausströmen, so ist im ersten Augenblick, wo das Rad noch stille steht, die Einwirkung des Wassers auf dasselbe, nach XX.

$$= \frac{12}{2 \cdot \frac{125}{8}} 60 \cdot 66$$

$$= 1520,64 \text{ Pfund}$$

die, auf diesen Kraftpunct reducirte Last ist aber nur

$$= 6082,56 \cdot \tfrac{1}{8}$$

$$= 760,32 \text{ Pfund.}$$

und folglich wirkt im ersten Augenblick eine Ueberwucht

$$= 1520,64 - 750,32 = 760,32 \text{ Pfund}$$

Dieser gemäß beginnt Bewegung, und zwar beschleunigte; ist nun die Geschwindigkeit der Schaufel allmählig angewachsen, etwa bis zu 4 Fuß, so ist in diesen Augenblick, nach XXI.:

$$\text{die Kraft} = \frac{12 - 4}{2 \cdot \frac{125}{8}} \cdot 60 \cdot 66$$

$$= 1013,76 \text{ Pfund}$$

und es findet noch eine Ueberwucht

$$= 1013,76 - 760,32 = 253,44 \text{ Pfund}$$

statt; welcher gemäß die Bewegung, wenn auch im geringern Grad, beschleunigt bleibt.

Ist nun die Geschwindigkeit der Schaufeln bis zu 6 Fuß angewachsen, so ist in diesen Augenblick die Kraft

$$= \frac{12 - 6}{2 \cdot \frac{125}{8}} \cdot 60 \cdot 66 = 760{,}32 \text{ Pfund}$$

und da die reducirte Last eben so groß ist, so findet nun keine Ueberwucht mehr statt, und die jetzige Geschwindigkeit der Schaufel von 6 Fuß bleibt vermöge des Beharrungsvermögens, so lange Kraft und Last sich nicht ändern.

§. 252.

Zusatz. Wollte man eine größere Last etwa 10000 Pfund anhängen, so würde der Beharrungszustand, für die Geschwindigkeit y der Schaufeln eintreten, für welche

$$\frac{12 - y}{2 \cdot \frac{125}{8}} \cdot 60 \cdot 66 \cdot 8 = 10000 \cdot 1 \text{ ist}$$

Aus dieser Gleichung folgt

$$y = 2{,}136$$

die Geschwindigkeit der Last von 10000 Pfund ist dann

$$= \tfrac{1}{8} \cdot 2{,}136 = 0{,}267$$

und folglich ihr mechanisches Moment

$$= 0{,}267 \cdot 10000 = 2670$$

also um 1891,92 kleiner, als für die vortheilhafteste Last.

Wollte man eine kleinere Last, etwa nur 4000 Pf. anhängen, so würde der Beharrungszustand für die

Geschwindigkeit z der Schaufeln eintreten, für welche

$$\frac{12 - z}{2 \cdot \frac{125}{8}} \cdot 60 \cdot 66 \cdot 8 = 4000 \cdot 1 \text{ ist.}$$

Aus dieser Gleichung folgt:

$$z = 8{,}0544 \text{ Fuß},$$

und die Geschwindigkeit der 4000 Pfund Last wäre dann $= \frac{1}{8} \cdot 8{,}0544 = 1{,}0068$ Fuß, also ihr mechanisches Moment $= 1{,}0068 \cdot 4000 = 4027{,}2$ also um $4561{,}92 - 4027{,}2$ oder um 534,72 kleiner, als für die vortheilhafteste Last von 6082,56 Pfund.

Die größtmöglichste Last w, mit welcher der absolute Stoß Gleichgewicht erhalten würde, ergiebt sich aus der Gleichung

$$\frac{12}{2 \cdot \frac{125}{8}} \cdot 60 \cdot 66 \cdot 8 = w \cdot 1 \text{ nemlich}$$

$$w = 12165{,}12 \text{ Pfund}$$

Wollte man aber diese anhängen, so würde keine Bewegung erfolgen.

§. 253.

Aufgabe. Beim unterschlächtigen Rad im Kropfgerinne, die tangentiale Kraft P des Wassers aufs Rad zu bestimmen, bei der Voraussetzung, daß das Wasser normal auf die Schaufeln anschlage.

Auflösung. Bezeichnet c die normale Geschwindigkeit des anschlagenden Wassers, v die der Schaufeln; d die Höhe des Kropfs, M die in jeder

Secunde ankommende Wassermenge, so ist die Einwirkung des bewegten Wassers, ganz wie im §. 249.

$$= \frac{c - v}{2g} M\gamma$$

und die aus dem Gewicht des zwischen den Schaufeln befindlichen Wassers entspringende Kraft, nach §. 246.

$$= d \frac{M}{v} \gamma;$$ folglich

$$P = \left(\frac{c - v}{2g} + \frac{d}{v}\right) M\gamma.$$

daher, für den größten Effect, d. h. für $v = \frac{1}{2} c$;

$$\text{XXIV.} \quad P = \left[\frac{c}{4g} + \frac{2d}{c}\right] M\gamma.$$

§. 254.

Aufgabe. Man hat ein nutzbares Gefälle $= h$ für ein unterschlächtiges Wasserrad, und soll bestimmen, ob es für den vortheilhaftesten Effect besser ist, das ganze h für ein horizontales Gerinne, oder den Theil d desselben, zu Anlage eines Kropfes zu benutzen.

Auflösung. Für ein horizontales Gerinne ist der vortheilhafteste Effect nach XXIII.

$$= \frac{c}{2} \cdot \frac{c}{4g} M\gamma$$

$$= \frac{1}{2} \cdot \frac{c^2}{4g} M\gamma = \frac{1}{2} h M\gamma$$

Für ein Kropfgerinne ist derselbe nach XXIV.

$$= \frac{c}{2} \cdot \left[\frac{c}{4g} + \frac{2d}{c}\right] M\gamma$$

$$= \left[\frac{1}{2} \cdot \frac{c^2}{4g} + d\right] M\gamma$$

$$= \left[\frac{1}{2} \cdot (h - d) + d\right] M\gamma$$

$$= \frac{1}{2} (h + d) M\gamma$$

so daß also die Anlage eines Kropfes bei der Voraussetzung, daß das Wasser die Schaufeln normal trift, vortheilhafter ist.

§. 255.

Aufgabe. In einem horizontalen Gerinne sollen 2 unterschlächtige Räder hintereinander angelegt, und die Geschwindigkeit v des ersteren so bestimmt werden, daß bei beiden Rädern gleiche mechanische Momente statt finden, mit der Bedingung, daß das zweite seine vortheilhafteste Geschwindigkeit, nemlich $\frac{1}{2}$ v erhalten soll.

Auflösung. Bezeichnet c die Geschwindigkeit, womit das Wasser das erste Rad trift, M die Wassermenge pro Sec., so ist das mechanische Moment der Kraft für's erste Rad $= \frac{c - v}{2g} M\gamma \,.\, v$; und für's zweite $= \frac{v - \frac{1}{2} v}{2g} M\gamma \,.\, \frac{v}{2}$.

Die Gleichsetzung beider Ausdrücke giebt $v = \frac{4}{5} c$.

§. 256.

Zusatz. Bei derselben Aufgabe für 3 hintereinander liegende Räder, erhält man die Geschwindigkeit des ersten $= \frac{25}{29}$ c., die des zweiten $= \frac{20}{29}$ c, und die des dritten $= \frac{10}{29}$ c.

§. 257.

Aufgabe. Man hat ein Gefälle von h Fußen, und will dieses zu einem geneigten Gerinne dergestalt benutzen, daß in denselben, n hintereinander liegende Räder, jedes mit derselben Geschwindigkeit z vom

Wasser getroffen werde, und jedem seine vortheilhafteste Geschwindigkeit $\frac{1}{2}$ z gegeben werden kann. Wie muß h vertheilt werden?

Auflösung. Das Gefälle fürs erste Rad sei $= x$; weil nun, wie man leicht einsieht, alle folgenden Räder einen gleichen Zuwachs y an Gefälle haben müssen, so hat man

$$1)\ x + (n - 1) \cdot y = h.$$

Nun ist in Beziehung aufs erste Rad

$$z = \alpha \sqrt{x};\ \text{also}$$

$$\tfrac{1}{2} z = \tfrac{1}{2} \alpha \sqrt{x};\ \text{folglich}$$

in Beziehung auf jedes der übrigen $n - 1$ Räder, nach §. 178. X.

$$z = \sqrt{(\tfrac{1}{2} z)^2 + 4gy}$$

$$= \sqrt{\tfrac{1}{4} \alpha^2 x + 4gy}$$

daher

$$2)\ \alpha \sqrt{x} = \sqrt{\tfrac{1}{4} \alpha^2 x + 4gy}$$

und aus beiden Gleichungen erhält man

$$y = \frac{3\alpha^2}{16g + 3(n-1)\alpha^2} \cdot h$$

$$x = \frac{16g}{16 \cdot g + 3(n-1)\alpha^2} \cdot h.$$

Fünftes Capitel.

Vom Heber und den Pumpen.

§. 258.

Angestellten Untersuchungen zufolge ist das specifische Gewicht der atmosphärischen Luft, nahe an der Erdoberfläche, im Mittel = $\frac{1}{800}$, so daß also ein Cubicfuß Luft $\frac{66}{800}$ beinahe $\frac{1}{12}$ Pfund wiegt.

Eine 32 Fuß hohe Wassersäule oder eine 28 Zoll hohe Quecksilbersäule steht am Meer, den Beobachtungen zu Folge mit dem Druck der atmosphärischen Luft, im Mittel genommen, im Gleichgewicht. Man kann also den Normaldruck der Luft auf irgend eine Ebene auf der Erdoberfläche, dem Gewicht eines Wasserprismens gleich setzen, welches diese Ebene zur Grundebene und 32 Fuß zur Höhe hat.

Vom Heber.

§. 259.

Aufgabe. Die gebogene Röhre, oder der Heber ABC Fig. 65. sei voll Wasser. Der lothrechte Abstand DE des unveränderlichen Wasserspiegels im Gefäß N von der Ausflußöffnung C des Hebers sei = h; der Querschnitt des Hebers im Lichten = a. Wenn nun der Heber mit seiner Einmündung bei A sich unter Wasser befindet, und die lothrechte Höhe BD weniger wie 32 Fuß beträgt, so soll bestimmt werden

1) ob das Wasser aus N vermittelst das Hebers, bei C, ausfließen wird

2) mit welcher Geschwindigkeit c es sich in den Heber fortbewegt

3) wie viel Wasser M pro Secunde aus C abfließen wird.

Auflösung. Die Druckhöhe welche das Wasser nach der Richtung A B in den Heber treibt, ist nach §. 258. $= 32 - BD$; der Gegendruck aber, nach der Richtung $CB = 32 - BE$; folglich der Ueberschuß nach der Richtung $AB = 32 - BD - (32 - BE) = BE - BD = h$ daher nach I, ohne Rücksicht auf die Hindernisse an den Wänden des Hebers,

$$c = \alpha \sqrt{h}$$

und

$$M = \alpha\, a \sqrt{h}.$$

Von den Saugpumpen.

§. 260.

Aufgabe. Die Kraft P' beiläufig zu bestimmen, welche nach eingetretenem Beharrungszustand, erforderlich ist, den Kolben einer Saugpumpe lothrecht zu erheben.

Auflösung. Es bezeichne A den Querschnitt, D den Durchmesser des Stiefels; H die Förderungshöhe, d. h. die Entfernung vom Ausguß bis zum unteren Wasserspiegel B; in E Fig. 66. sei der tiefste, in F der höchste Stand des Kolben; in E sei ein mittlerer Stand, so ist für diesen, die Druckhöhe von oben lothrecht herab, auf den Kolben $= 32 + KE$; und der Gegendruck von unten lothrecht herauf, auf denselben $= 32 - EB$; daher der Ueberschuß von oben herab $= 32 + KE - (32 - EB) = KE + EB = H$; und es müßte also, blos hydrostatisch betrachtet

$$P' = HA\gamma \text{ sein.}$$

Unter den übrigen, der Erhebung des Kolben widerstrebenden Hindernissen, ist das bedeutendste, die Reibung des Stiefels im Kolben, und man kann dieses, den Erfahrungen gemäß, im Mittel dem Gewicht einer Wassersäule gleich setzen, deren Höhe

$$= \frac{H}{10.D} \text{ ist.}$$

Hiernach wäre also für einfache Fälle der Anwendung genügend

$$P' = \left(H + \frac{H}{10.D}\right) A\gamma.$$

Anmerk. Es muß FB kleiner wie 32 Fuß sein, denn sonst würde durch den Druck der äußeren Luft, das Wasser dem Kolben nicht mehr folgen.

§. 261.

Aufgabe. Die Kraft P' beiläufig zu bestimmen, welche erforderlich ist, den Kolben einer Saugpumpe lothrecht nieder zu drücken.

Auflösung. Beim Niedergang des Kolben ist das vorzüglichste Hinderniß, die Reibung zwischen Stiefel und Kolben, folglich wenn man diese eben so groß annimmt, wie im vor. §.

$$P'' = \frac{H}{10 D} \cdot A\gamma.$$

§. 262.

Zusatz. Um einen gleichförmigen Gang zu erzeugen, ordnet man die Pumpen paarweis an, so daß der eine Kolben immer nieder geht, wenn der andere in die Höhe gezogen wird. Für ein Paar ist dann die Kraft fürs Gleichgewicht

$$= P' + P'' = \frac{5D + 1}{5D} AH\gamma.$$

Bezeichnet daher P die Kraft, welche für n Paare erforderlich ist, so hat man näherungsweise:

$$\text{XXV.} \quad P = n \frac{5D + 1}{5D} AH\gamma.$$

§. 263.

Aufgabe. Es bezeichne w die Geschwindigkeit der Kolben; A den Querschnitt derselben, man soll die Wassermenge M bestimmen welche durch n Paar Pumpen in jeder Minute gehoben wird.

Auflösung. Jeder Kolben fördert, während er in die Höhe geht, in jeder Secunde die Wassermenge Aw; also in jeder Minute 60 Aw wenn er fortwährend in die Höhe ginge. Da aber bei einem gleichförmigen Gang der Bewegung eben so viel Zeit beim Niedergang als beim Aufgang verfließt, so fördert jeder in der Minute nur 30 A w; also jedes Paar 60 A w; folglich n Paare die Wassermenge n . 60 . A w. Es geht aber immer ein Theil Wasser zurück, da ein vollkommen dichtes Anschließen des Kolben im Stiefel für jede Stelle des

Kolben nicht wohl zu erreichen ist. Rechnet man daher im Mittel $\frac{1}{10}$ Hubverlust, so erhält man

$$\text{XXVI.} \quad M = 54 \,.\, n\,A\,w.$$

Anmerk. Nach Eytelwein sind $\frac{1}{3}$ Fuß und $2\frac{1}{2}$ Fuß die Gränzen des Werths für w.

§. 264.

Beispiel. Bei einem Grundbau ist der Zudrang des Wassers in jeder Minute 80 Cubicfuß groß. Man soll durch Pferde, vermittelst eines Pferdegöpels ein Saugpumpenwerk betrieben, wodurch diese 80 Cubicfuß in jeder Minute, 16 Fuß hoch gefördert werden.

Hier ist nach XXVI.

$$80 = 54 \,.\, n\,A\,w$$

und dieser unbestimmten Gleichung muß Genüge geschehen, und zugleich darauf Rücksicht genommen werden, daß w zwischen $\frac{1}{3}$ und $2\frac{1}{2}$ Fuß falle, n eine ganze Zahl werden, und A einem Durchmesser D entspreche, der gewisse Gränzen, etwa 5 bis 10 Zoll, nicht überschreite. Durch einige Proben findet man folgende Werthe passend:

$$D = 7''; \text{ also } A = \tfrac{1}{4} \,.\, (\tfrac{7}{12})^2\, \pi = 0{,}267 \ldots \text{Qf.}$$

$$n = 4;\ w = \tfrac{7}{5} = 1\tfrac{2}{5} \text{ Fuß.}$$

und es ist also der Widerstand der Pumpen, nach XXV.

$$= 4 \,.\, \frac{5 \cdot \frac{7}{12} + 1}{5 \,.\, \frac{7}{12}} \,.\, 0{,}267 \,.\, 16 \,.\, 66$$

$$= 1514 \text{ Pfunde.}$$

Rechnet man nun die Kraft eines Pferdes, den Erfahrungen zufolge, dann zu 200 Pfund, wenn es mit

4 Fuß Geschwindigkeit wirkt, und bezeichnet die Anzahl der erforderlichen Pferde durch x, so ist ohne Berücksichtigung der Reibung, nach dem Cartesischen Grundsatz §. 68. $200 . x : 1514 = \frac{7}{5} : 4$ und hiernach fällt x zwischen 2 und 3, so daß also 3 Pferde vorgelegt werden müßten.

Die Anordnung der Maschine selbst kann nun auf gar mancherlei Weise erfolgen, und man hat bei ihrer Bestimmung blos darauf Rücksicht zu nehmen, daß aus 4 Fuß Geschwindigkeit des Angrifspuncts der Kraft, für den Kolben eine Geschwindigkeit von $\frac{7}{5}$ Fuß entspringe.

Bringt man etwa an der stehenden Welle, an welcher an Hebeln von R Fuß Länge die Pferde wirken, ein Stirnrad vom Halbmesser a an, läßt dieses in ein Getriebe vom Halbmesser b in einer verticalen Welle eingreifen, und durch einen an dieser Welle angebrachten Krumzapfen vom Halbmesser r eine Stange in Bewegung setzen, welche vermittelst eines Hebelsarms von der Länge f eine horizontale Welle hin und her bewegt, an welcher, an Hebelsarmen von k Fußen die Kolbenstangen hängen, so muß, wenn c die Geschwindigkeit der Peripherien vom Stirnrad und Getriebe, v die der Stange ausdrückt, folgenden Proportionen Genüge geschehen:

$$4 : c = R : a$$
$$c : w = b\pi : 2r$$
$$w : \tfrac{7}{5} = f : k$$

Aus ihnen entspringt durch Multiplication

$$20 : 7 = \pi b f R : 2ark$$

und dieser Gleichung entsprechend sind die Werthe für b, f, R, a, r, k, fest zu setzen.

Man kann, ihr zufolge

$$R = 16 \text{ Fuß}; \; r = 16 \text{ Zoll}$$

f = k und b : a = 5 : 33 annehmen.

Anmerk. Daß ein Beharrungszustand erfolgen, und wenn er eingetreten ist, die bei der Berechnung festgesetzte Geschwindigkeit, wenn auch nicht mathematisch scharf, doch ohngefähr statt finden muß, also auch die zubringende Wassermasse von 80 Cubicfuß in Durchschnitt in jeder Minute gehoben werden wird, erhellet wie in §. 251. daraus, daß im ersten Augenblick des Wirkens der Pferde die Maschine noch stille steht, also die absolute Kraft derselben wirkt, folglich eine Ueberwucht, also auch eine beschleunigte Bewegung statt findet, welche aber nur bis zu dem Augenblick beschleunigt sein kann, wo ein Gleichgewicht zwischen Kraft und Last, während der Bewegung eintritt.

Von den Druckpumpen.

§. 265.

Aufgabe. Die Kraft P′ zu bestimmen, welche nach eingetretenen Beharrungszustand, beiläufig erforderlich ist, den Kolben einer Druckpumpe lothrecht nieder zu drücken.

Auflösung. Es bezeichne D den Durchmesser, A den Querschnitt des Stiefels; H die Förderungshöhe Fig. 67. so ist für den nachtheiligsten Augenblick d. h. für den, wo der Kolben seinen tiefsten Stand erreicht hat, die entgegenwirkende hydrostatische Druckhöhe $= H$; und rechnet man hiezu wie in §. 260. für die Reibung nach $\frac{H}{10 D}$, so hat man

$$P' = \left(H + \frac{H}{10 D}\right) A \gamma.$$

§. 266.

Aufgabe. Die Kraft P'' zu bestimmen, welche erforderlich, ist, den Kolben zu erheben.

Auflösung. Bezeichnet b den Kolbenhub, so ist für den nachtheiligsten Augenblick, d. h. für den, wo der Kolben seinen höchsten Stand erreicht hat, die Druckhöhe auf ihn $= 32$; die zu Hülfe kommende Druckhöhe $= 32 - b$; also der Ueberschuß oder die hydrostatische Widerstandshöhe $= b$; hiezu die der Reibung wie §. 265. mit $\frac{b}{10 D}$ in Rechnung gebracht giebt, $P'' = \left(b + \frac{b}{10 D}\right) A \gamma$

§. 267.

Zusatz. Für ein Paar Pumpen (wie §. 262. verstanden) ist also die Kraft $= P' + P''$ oder

$$= \frac{10 D + 1}{10 D} A (H + b) \gamma,$$

und bezeichnet also P die erforderliche Kraft für n Paare so hat man

$$\text{XXVII.} \quad P = n \,.\, \frac{10 D + 1}{10 D} A (H + b) \gamma.$$

§. 268.

Aufgabe. Es bezeichne w die Geschwindigkeit der Kolben; A den Querschnitt derselben; man soll die Wassermenge M bestimmen, welche durch n Paar Pumpen in jeder Minute gefördert wird.

Auflösung. Ganz wie in §. 263. erhält man

$$M = 64\, n\, A\, w.$$

§. 269.

Beispiel. Durch ein unterschlächtiges Wasserrad auf dessen Schaufeln in geraden Gerinne in jeder Secunde 40 Cubicfuß Wasser mit 10 Fuß Geschwindigkeit anschlagen, soll ein Druckwerk betrieben und durch dasselbe bei 3 Fuß Hub, das Wasser 97 Fuß hoch gehoben werden; wie viel Paare (n) Pumpen sind erforderlich? welchen Durchmesser D müssen sie erhalten, wie groß muß die Geschwindigkeit w der Kolben werden, und welche Wassermenge M kann in jeder Minute gefördert werden?

Hier ist, nach XXIII., die Kraft für den vortheilhaftesten Effect, also für 5 Fuß Geschwindigkeit der Schaufeln

$$= \frac{10}{4 \cdot \frac{125}{8}} \cdot 40 \cdot \gamma$$

$$= \frac{32}{5} \cdot \gamma$$

die Last aber nach XXVII.

$$= n \cdot \frac{10 D + 1}{10 D} \tfrac{1}{4} D^2 \pi \cdot 100 \cdot \gamma$$

$$= \frac{5\pi}{2} \cdot n D (10 D + 1) \cdot \gamma$$

folglich ohne Rücksicht auf Reibung,

$$\frac{32}{5} : \frac{5\pi}{2} \, n D \, (10 D + 1) = w : 5$$

und hieraus

$$n D w \, (10 D + 1) = \frac{64}{5\pi}$$

Dieser Gleichung zufolge sind die Werthe für n, D, w, zu bestimmen.

Es genügen, ziemlich genau

$$n = 2; \; w = 1; \; D = 5 \text{ Zoll}$$

und dann ist $M = 54 \, . \, 2 \, . \, \frac{1}{4} \, . \, (\frac{5}{12})^2 \, \pi \, . \, 1$ beinahe $= 15$ Cubicfuß.

Die Anordnung kann wie in §. 264. bestimmt werden, nur muß man bei Bestimmung der Abmessungen der Maschine auch den festgesetzten Hub von 3 Fuß berücksichtigen.

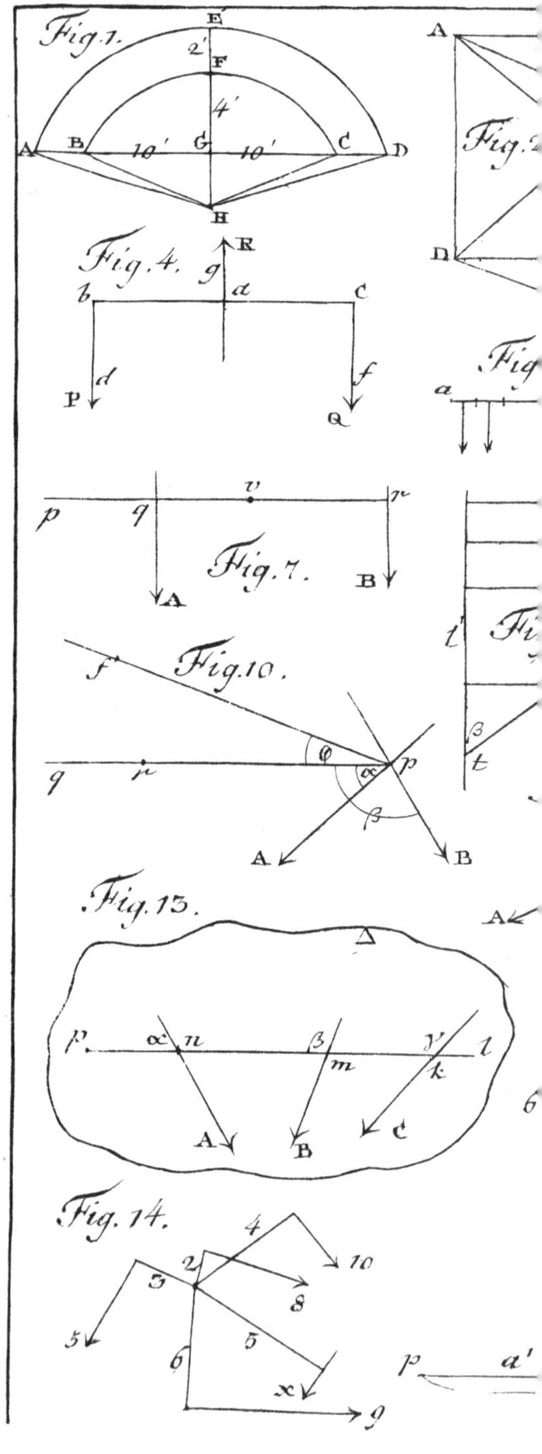
Fig. 1.
Fig. 4.
Fig. 7.
Fig. 10.
Fig. 13.
Fig. 14.

I.

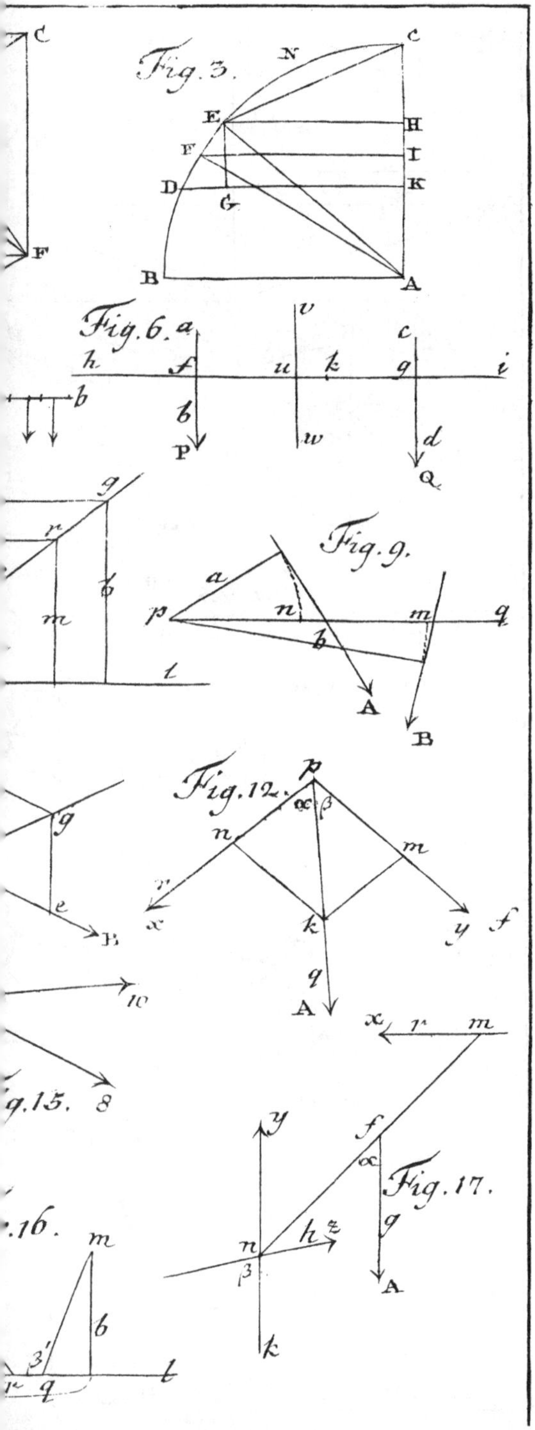

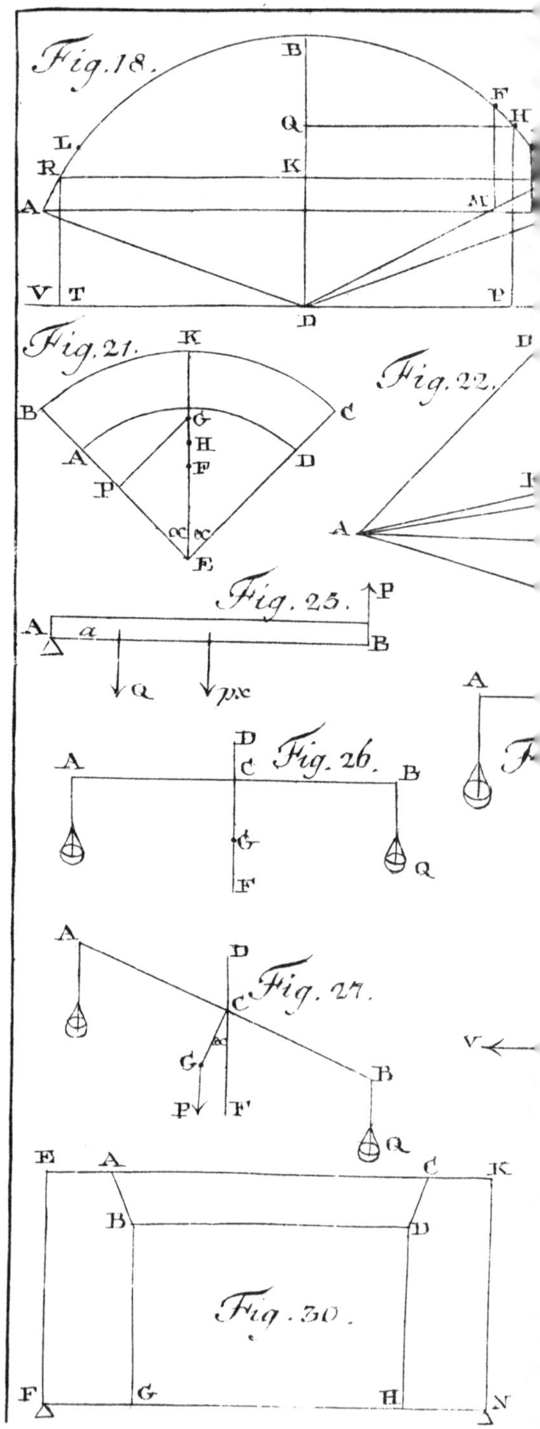
Fig. 18.
Fig. 21.
Fig. 22.
Fig. 25.
Fig. 26.
Fig. 27.
Fig. 30.

·19·

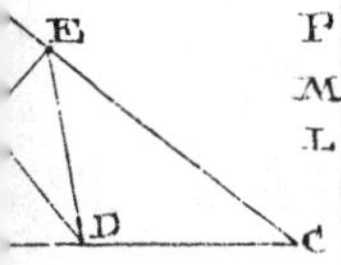

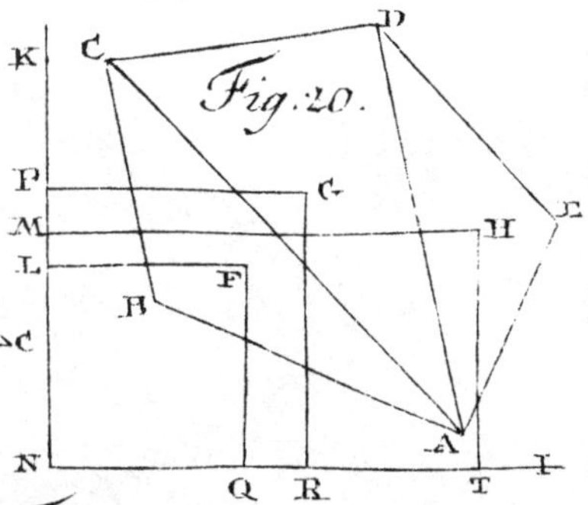

Fig. 20.

Fig. 23.

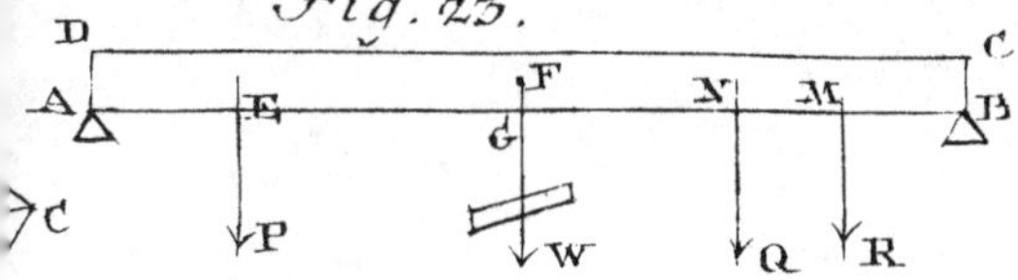

Fig 24.

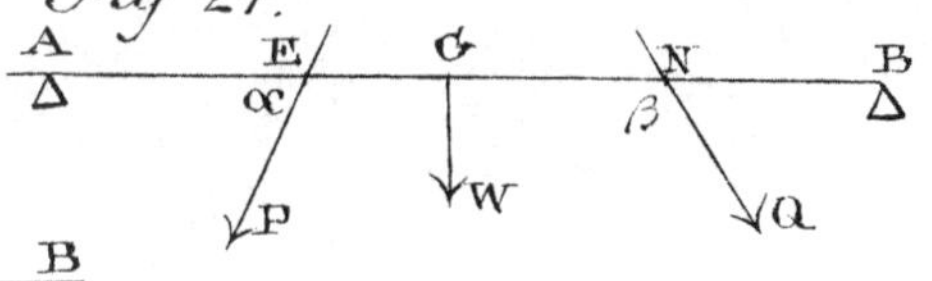

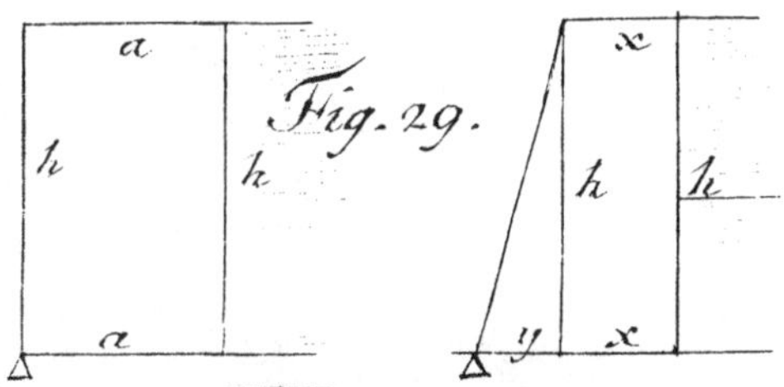

Fig. 29.

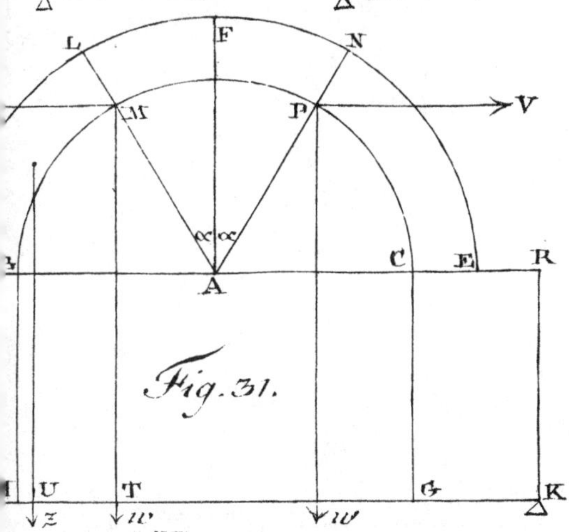

Fig. 31.

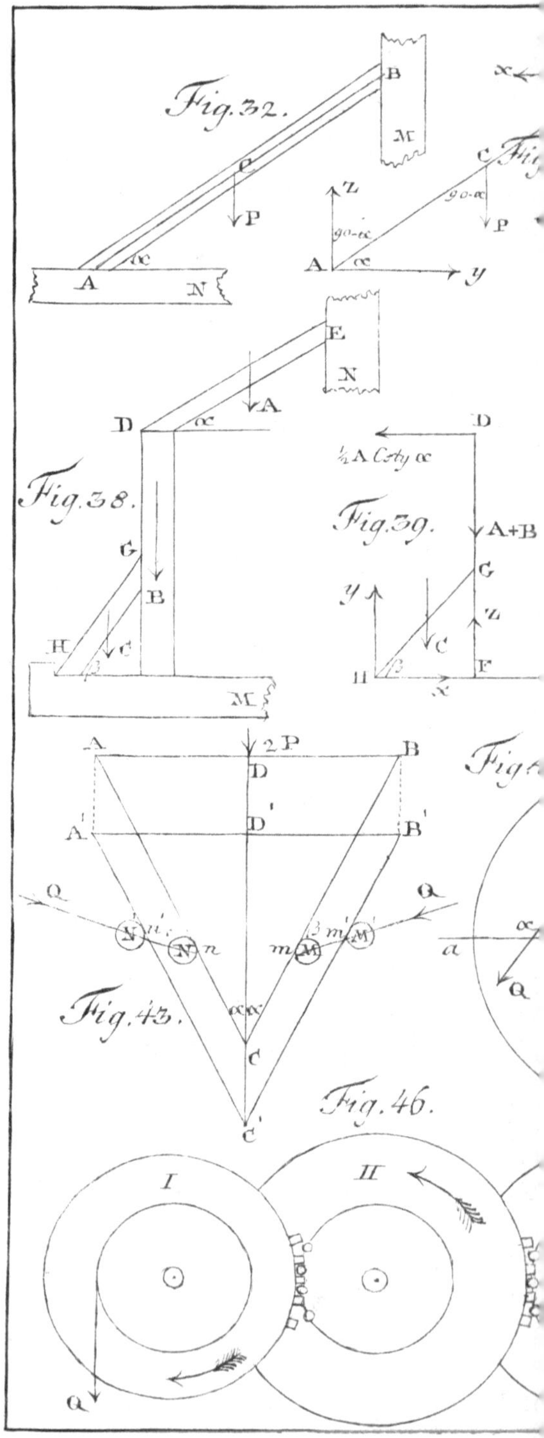
Fig. 32.
Fig. 38.
Fig. 39.
Fig. 43.
Fig. 46.
½ A Cotg α
A+B
2 P
I
II

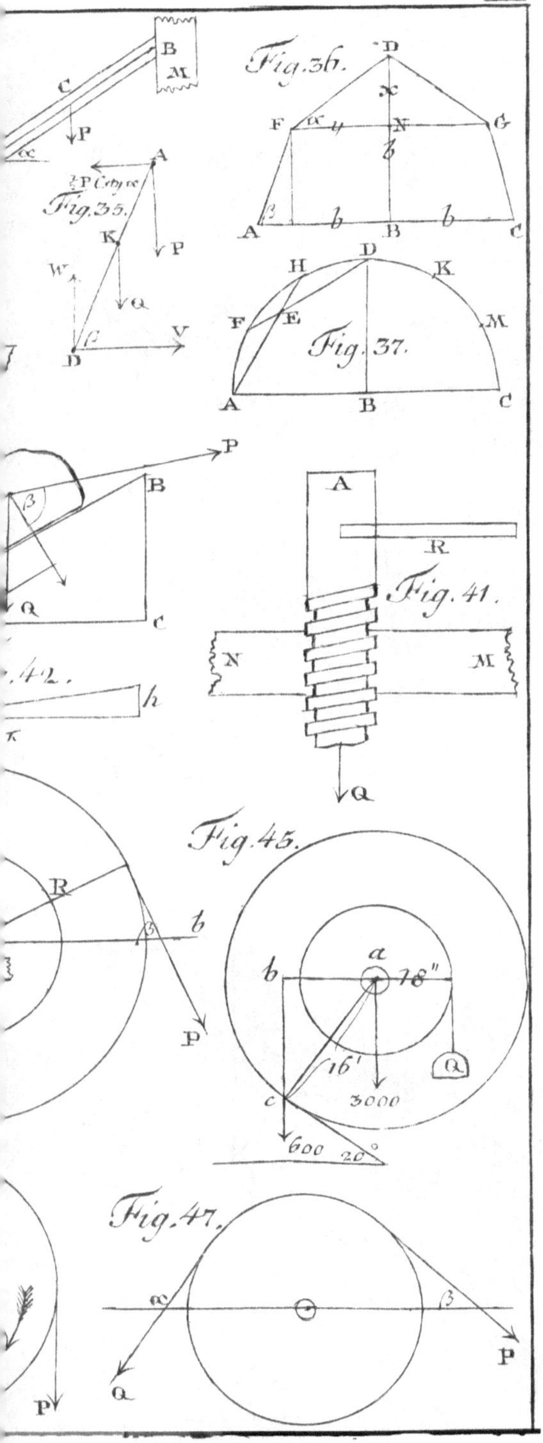
Fig. 35.
Fig. 36.
Fig. 37.
Fig. 41.
Fig. 45.
Fig. 47.

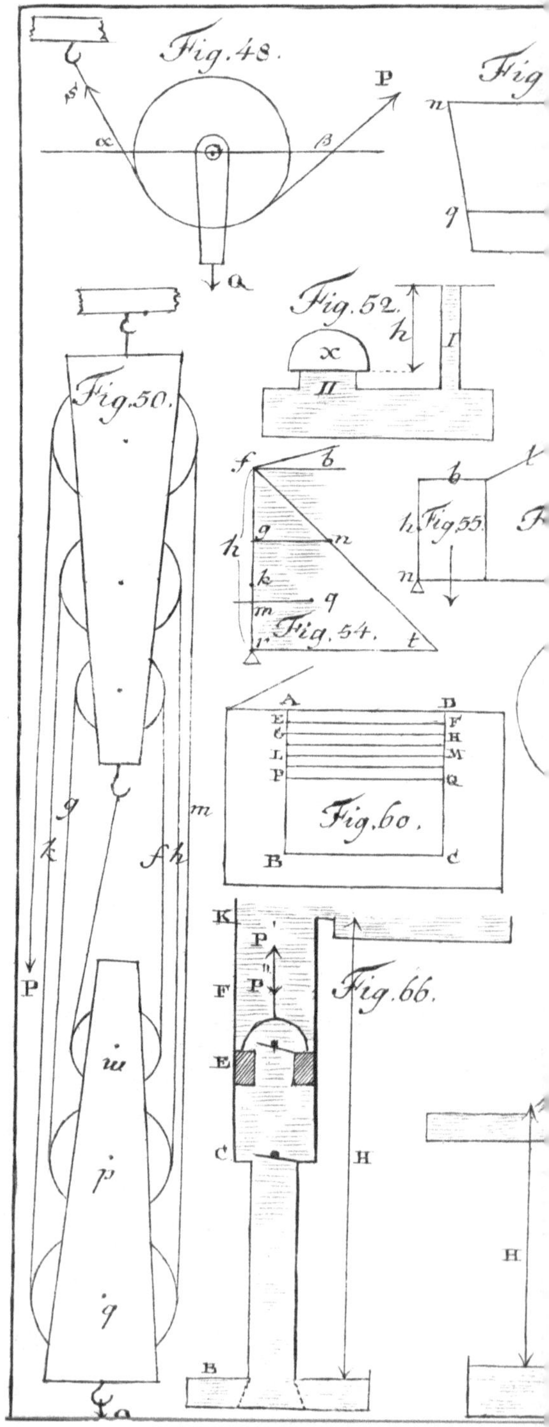

Fig.48.
Fig.50.
Fig.52.
Fig.54.
Fig.55.
Fig.60.
Fig.66.

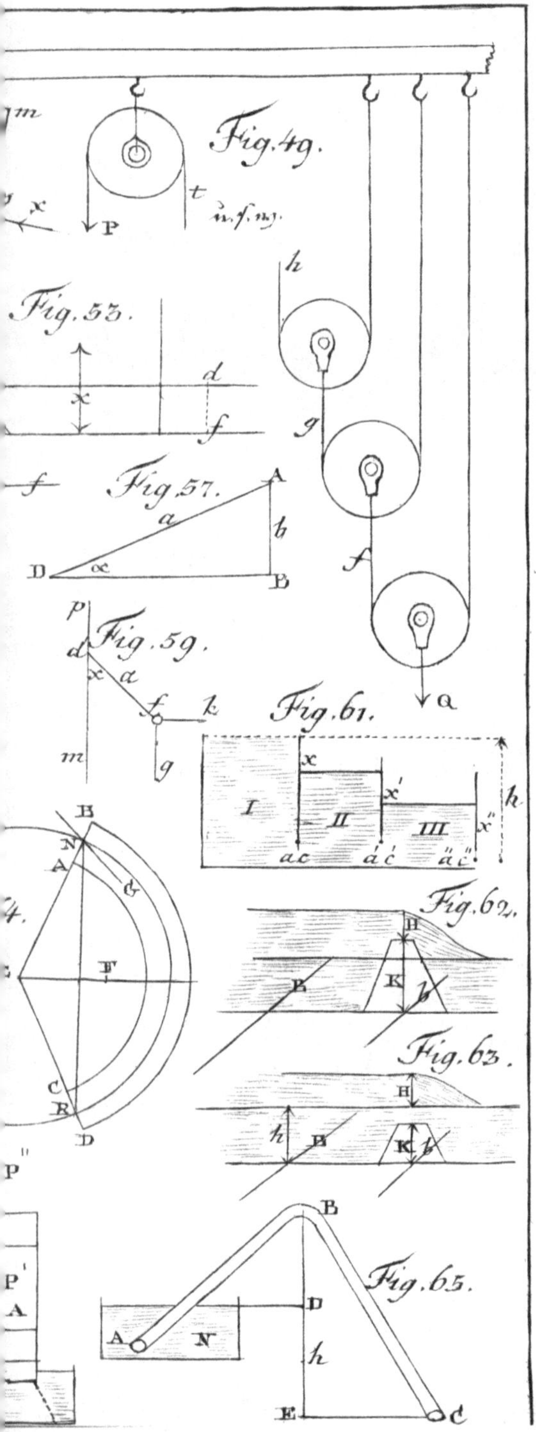
Fig. 49.
Fig. 53.
Fig. 57.
Fig. 59.
Fig. 61.
Fig. 62.
Fig. 63.
Fig. 65.

FSC
www.fsc.org
MIX
Papier | Fördert
gute Waldnutzung
FSC® C083411

Zeitfracht Medien GmbH
Ferdinand-Jühlke-Straße 7
99095 Erfurt, Deutschland
produktsicherheit@kolibri360.de